浪花朵朵

法布尔老师的昆虫教室

① 认识昆虫的本能

[日]奥本大三郎 文　[日]山下浩平 绘　程俐 译

四川美术出版社

照片·标本提供　奥本大三郎

原版设计·标本照片　山下浩平（mountain mountain）

德国

巴黎 ⊙

法 国

瑞士

意大利

圣莱昂

地中海

科西嘉岛

西班牙

法国南部
法布尔生活与做过研究的地方

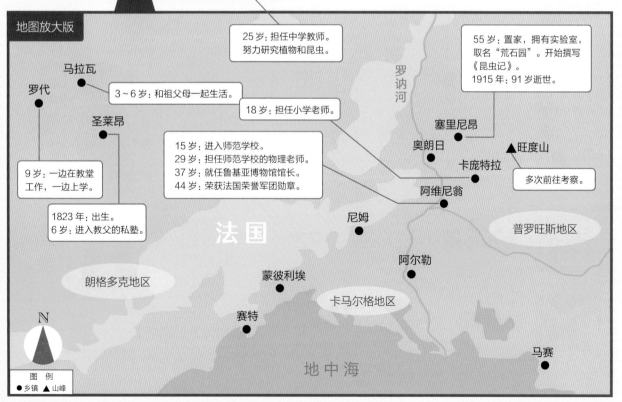

地图放大版

25 岁：担任中学教师。
努力研究植物和昆虫。

55 岁：置家，拥有实验室，
取名"荒石园"。开始撰写
《昆虫记》。
1915 年：91 岁逝世。

罗讷河

马拉瓦

罗代

3～6 岁：和祖父母一起生活。

圣莱昂

18 岁：担任小学老师。

塞里尼昂

奥朗日

▲ 旺度山

卡庞特拉

9 岁：一边在教堂
工作，一边上学。

15 岁：进入师范学校。
29 岁：担任师范学校的物理老师。
37 岁：就任鲁基亚博物馆馆长。
44 岁：荣获法国荣誉军团勋章。

多次前往考察。

阿维尼翁

1823 年：出生。
6 岁：进入教父的私塾。

法 国

尼姆

普罗旺斯地区

阿尔勒

朗格多克地区

蒙彼利埃

卡马尔格地区

N

赛特

马赛

图 例
● 乡镇 ▲ 山峰

地中海

* 本书地图系日文原版地图。

目录

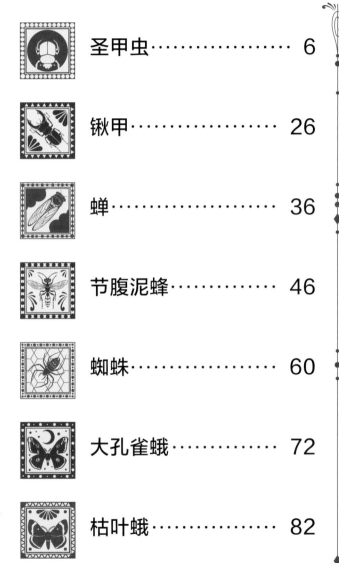
欢迎大家来到神奇的昆虫世界!

法布尔老师

J.-HENRI FABRE 1823 1 1915

圣甲虫① 热闹的牧场

大家好！我是让-亨利·卡西米尔·法布尔（Jean-Henri Casimir Fabre），法国的昆虫学家。在像各位小读者这么大的年纪，我就非常喜欢大自然了。

我喜欢大自然中的花草、树木、蘑菇、小鸟……尤其喜欢昆虫。当我在小河边、大山里嬉戏时，观察到许多昆虫的生活习性。

后来，我成了一名小学教师。即使已经成年，我依然保持着观察昆虫、采集制作昆虫标本、进行昆虫实验的习惯。我从昆虫和蜘蛛*的生活状态及它们的行为中，发现了很多有趣的事情，写成了《昆虫记》一书。下面，我就和大家一起来聊一聊昆虫吧。

这是我在法国南部城市阿维尼翁（Avignon）教书时的事情了。

阿维尼翁是一座古老的大城市，位于罗讷河（Le Rhone）沿岸。朝着市郊方向走，在罗讷河对岸的小山丘上有一大片牧场，牧场中遍布着牛群、羊群和马群。我现在已经来到了这座牧场，想观察一种专吃家畜粪便的甲虫。

找到了！找到了！好多威风的黑色甲虫正朝着一大坨牛粪飞去。它们一飞过去，就扑簌簌地落在"粪山"旁，然后急匆匆地奔过去。它们又是爬，又是钻，忙得不亦乐乎，动作十分灵活。这种黑色甲虫的外形很像独角仙。突然，其中一只甲虫把一颗粪球向前推去，这颗粪球是它自己滚出来的。

甲虫拱着长长的后腿，抵住粪球倒立起来，然后前腿撑地，"嘿呦嘿呦"倒着推起粪球。太快了，太快了，它推粪球的速度简直惊人！

这就是大名鼎鼎的圣甲虫**，也叫蜣螂（qiāng láng）、屎壳郎。它就是这样滚粪球的，至于它之后要做什么，你能想到吗？

别着急，在思考这个问题前，还是先跟上它吧。我们应该首先去观察，然后再思考。

* 昆虫是节肢动物门六足亚门昆虫纲动物的总称。蜘蛛是节肢动物门蛛形纲蜘蛛目动物的通称。蜘蛛不属于昆虫。
** 圣甲虫为常用称呼，指神圣粪金龟。

欢迎大家来到神奇的昆虫世界！

法布尔老师

J.-HENRI FABRE 1823 - 1915

法国昆虫学家。在法国南部观察研究昆虫，历时30年，写成《昆虫记》全10卷。

倒立对我来说是小菜一碟！

圣甲虫

蜣螂的一种。头部边缘呈锯齿状，前腿长有锯齿，后腿很长。

它在滚粪便呢！不会很脏吗？

哈哈哈，其实也没有那么脏啦！

拿我的便便干什么？

一、二！

圣甲虫依旧保持着倒着推的姿势，滚着粪球不断前进。

"加油，干得不错，好样的！"

它来到了一个斜坡前。换作是人，眼前的斜坡就是一个巨大的悬崖。啊呀，它一脚踏空，身体随着粪球一起滚下了坡。

"喂，你还好吧？"

"没事没事。"圣甲虫又若无其事地推起了粪球。不过，要把比自己身体大而且重的粪球重新推上坡，可不容易。

"真够笨的。另找一条推起来不费劲的、平坦点儿的路不就行了？"

不管滚落多少次，圣甲虫也不会改变路线，真是个死脑筋。

这时，又飞来了一只圣甲虫。这只圣甲虫一落到粪球旁，就抱住了粪球。

"我来帮你推吧！"

这话是骗人的。

先前的那只圣甲虫没有答话，默不作声。

见状，后到的圣甲虫突然朝着粪球的主人挥出了一记重拳。

咻——！

正在推粪球的圣甲虫翻倒在地，不过它立马精神抖擞地站了起来。

"你小子，竟敢半路抢劫，看我怎么收拾你！"

一眨眼工夫，两只圣甲虫扭打在了一起。"咔嚓咔嚓"，都能听到彼此盔甲碰撞的声音了。胜负很快见了分晓，你们觉得哪方会赢呢？

其实，大多数情况下都是打劫的一方取胜。打劫者嗅着粪球的气味追赶至此，已经做好了充分的热身准备，它们的体温较高，动作更为灵敏。

打劫的一方取胜，辛苦劳作的一方却被抢走了劳动果实，真是过分！战败的圣甲虫重整旗鼓，再次朝着粪山进发。

圣甲虫③ 一次搬走最多的粪便

圣甲虫推着粪球走远了。

现在，我想在这里问大家一个问题。圣甲虫为什么要推粪球呢？反正都是要吃的，何必专门做成粪球，这不是挺麻烦的吗？

让我们这样比较一下：

对于圣甲虫而言，一大坨牛粪就像一座粪山。如果摆到人类面前，把牛粪换成巧克力山来作比，就和一座房子差不多大。

不过，想吃巧克力的同伴可是大有人在。所以，如果不赶快把巧克力挪回家，要不了多久，整座巧克力山都会被搬空。换作是你，你会怎么做？——一定要搬得又快又多才行啊！

这样就明白了吧。说到怎样搬运，方法有三种：

①抱着走。

②揣在怀里飞着走。（圣甲虫有翅膀，人类可做不到这点。）

③推着走。

虽然方法②的搬运速度很快，但一次的搬运量却不大。

"这么点儿怎么够，还得再回去一趟。"等想到这一点，再次回到巧克力山的时候，巧克力山早被同伴们瓜分殆尽了。而且，如果揣在怀里抱着飞，一会儿就会累趴下。

如果这样，那还是方法③更好些。不用抱着走，就算重一点儿也没关系。

为了方便在地上滚，球体是最好的形状了，可以朝向任意的方向滚动。如果是立方体，恐怕就滚不起来了。

若是人类，当然站着去推就行。可圣甲虫的后腿比前腿长，头朝下倒立着推会更轻松。

所以说，圣甲虫已经找到了最棒的方法，而且它自身的身体构造也很适合这种方法。很厉害吧！

圣甲虫

圣甲虫④ **身体就是工具**

我再问大家一个问题。

为了方便搬运，圣甲虫把动物的粪便做成了圆球。但是，大家知道它是怎么做的吗？

算了算了，还是让我来回答这个问题吧。一开始，我是这样猜想的：

圣甲虫先把小粪块堆成合适的形状，然后加入其他材料，一点点修整成球形。接着在滚动的过程中，进一步修整粪球的形状，使其最终变为圆球。

不过，当我在牧场实地观察了圣甲虫制作粪球的全过程后，才知道完全不是那么回事。

原来，当圣甲虫把粪便从粪山上切下来的时候，就已经是球形了。

凭着主观臆想推断是行不通的，凡事还是要亲眼见证才行。在科学的世界里，正确的观察比什么都重要。

我们还可以从观察中得知，圣甲虫的身体构造非常适合制作粪球。

我们再来仔细看看圣甲虫的身体构造吧。

圣甲虫头部的外侧边缘和前腿都长有锯齿，形状好像一把专门用来切粪的锯子。后腿很长，微微弯曲，爪子尖尖的。它就是用这对后腿，从两侧夹住粪球，再配合前脚的交替运动，"嘿呦嘿呦"地倒推着滚动粪球。

从粪山上切下粪球后，圣甲虫会先用前脚拍打粪球表面，修整形状，然后再开始滚动它。

滚动的过程中，粪球会沾上泥土。大家可能担心粪球会被泥土弄脏，不过其实这样才好呢。

因为粪球表面裹上泥沙后，可以防止苍蝇等虫子在上面产卵。要是苍蝇在粪球上产了卵，粪球就成了苍蝇幼虫的食物，这可不妙。

所以，圣甲虫采取这种方式也是在保护它的粪球。

恶作剧实验

让我们再次回到努力推粪球的圣甲虫身边吧。

不管是下坡时粪球乱滚乱跑难以控制，还是上坡时粪球纹丝不动推不上去，圣甲虫都表现得若无其事，真是个勤奋努力的家伙。倒是那只前来抢劫的圣甲虫，光顾着贴在粪球上假寐，真是很无耻呢。

于是，我的脑海中突然显现出一个实验想法。如果我把粪球固定住，不让它动，圣甲虫会怎么做呢？

方法很简单。我用一根针刺穿粪球，然后扎入地面。

这样，粪球就纹丝不动了。圣甲虫们会有什么反应呢？

"咦，真是奇怪了？"

圣甲虫开始检查粪球周围的情况。连之前贴在粪球上假装帮忙的劫粪大盗，也发现了粪球的异常，从粪球上跳了下来。

"到底怎么回事？"

劫粪大盗也与粪球主人一起，检查着粪球下方的情况。

两只圣甲虫都把额头边缘的锯齿插入粪球下方，像使用铲子那样向下方挖去。终于，粪球开始慢慢松动，针也被拔离了地面。成功啦！圣甲虫得意洋洋地继续推起了粪球。

"等等，别走！"

"又有什么事啊？"

如果圣甲虫是人，它肯定会一脸迷惑地这样问我。可眼前的圣甲虫根本不会抱怨。

这次，我在粪球上插入了一根更长的针。这下就没那么容易拔出来了吧？看你们怎么办！

两只圣甲虫跟刚才一样，还是把头部边缘的锯齿插入粪球下方去挖土。无奈这次针太长了，不管它们怎么用背顶，都无法把针从地面拔出来。

"还是让我来帮点小忙吧。"

我在圣甲虫下方放了一块平坦的小石头。

于是，圣甲虫就利用石头把自己垫高，把针顺利从地面拔了出来。不过，这可不是圣甲虫自己的功劳哦。

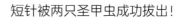

圣甲虫

圣甲虫⑥　圣甲虫的饕餮大餐

今天让我们一起来看看，圣甲虫把粪球搬回自己的巢穴之后，会怎样处理粪球吧。

圣甲虫把粪球搬回巢穴后，就会不停地吃。"吧唧吧唧，吧唧吧唧……"一刻不停地狼吞虎咽，直到把整颗粪球消灭干净为止。我拿着计时器给它计时，发现这一餐竟然持续了足足12个小时！真是令人惊讶！如果粪球再大一点，进餐的时间还会更久吧。

这个现象的原因在于，粪球本就是牛羊吃了牧草消化后留下来的残渣，营养成分不多，如果圣甲虫不多吃点儿，就无法获得充足的营养。

圣甲虫一边吃，一边从屁股里排出黑铁丝般的线状物质。

这是什么呢？大家猜猜看。

好啦好啦，酒足饭饱后从屁股拉出来的，当然是便便了。不错，这正是圣甲虫的粪便。粪球越吃越小，而黑线似的便便却越来越长。

圣甲虫终于吃光了整个粪球，它拉出的线状便便足有3米长。

我想称一下圣甲虫粪便的重量。换作是你们，会怎么称呢？

如果手头有精密的称重工具，当然一下子就能称出来。可如果没有，怎么办才好呢？

我拿了一只标有刻度的烧杯，在里面灌上水，然后放入圣甲虫的线状粪便。加入的粪便使水位上升，而粪便排开水的体积，几乎与圣甲虫排开水的体积相同。

也就是说，这家伙花了整整一晚上的时间，吃下了几乎与自己身体相同分量的粪球，拉出了几乎与自己身体相同分量的粪便。

吃得多，拉得也多，很健康的生活方式嘛。多亏有了这个大胃王，牧场才能被清理得干干净净，保持清洁的环境。

好了，该吃饭了。

入口死死封住就算完工。

在松软的土壤里挖巢。

进食12个小时，拉出来的粪便长达3米！

呀，好幸福啊！我辛苦了这么久，就是在等这一刻！

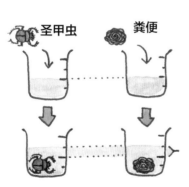

圣甲虫拉出来的粪便有多少呢？

圣甲虫　　粪便

放入装有相同水量的烧杯中

水面上升的高度相同！

拉出的粪便与自己身体的体积一样。

你可真能吃！

那当然啦！

圣甲虫

圣甲虫的卵在哪里？

对了，大家觉得圣甲虫会把卵产在哪里呢？我曾经读过一本古书，上面是这样记载的：圣甲虫会把卵产在自己制作的粪球里。

可是，圣甲虫滚起粪球来这么起劲，里面的卵和幼虫怕是早就晕头转向、魂飞魄散了吧？我这么推测。

于是，我找了很多圣甲虫的粪球，将它们一一切开。可是，无论我怎么切，都没有找到一个像样的虫卵。"真是太奇怪了……"

看来，只有从早到晚待在牧场里仔细观察，才能探知真相。

于是我拜托牧场里的牧羊人，让他发现虫卵后立刻通知我。

终于，到了6月底，牧羊人给我带来了一个形状怪异的粪球，他说："先生，我发现了圣甲虫的卵，就在这个粪球里面。"我看着那个梨形粪球，惊讶万分。

"你说这里有圣甲虫的卵？"

"是的。圣甲虫把自己的卵产在了这个梨形粪球的前端。"

我轻轻用刀尖切开了那个粪球。

在粪球前端稍稍凸起的地方，我看到了一枚漂亮的白色虫卵。

我和牧羊人一起赶到牧场时，发现一处地面微微隆起，像鼹鼠洞一样。我用铲子一挖，发现地里有个洞，里面横躺着一颗梨形粪球。而且，有一只圣甲虫妈妈就在一旁照料。

长期以来的谜团终于解开了，我太开心了，总算知道圣甲虫的卵在哪里了。

接下来就要研究它的幼虫和蛹了！

圣甲虫⑧ 修补粪球的幼虫

今天我们一起来聊聊圣甲虫的幼虫吧。

我收集了好多内含圣甲虫虫卵的梨形粪球，把它们带回了家。我把其中12颗粪球放在纸板箱或木箱中，又把其余12颗放在了白铁罐中。

结果，纸板箱和木箱中的虫卵，不是还没变成幼虫就干瘪了，就是长成幼虫后立刻死掉了。

不过，放在白铁罐中的粪球却安然无恙。也就是说，由于空气中的水分没有蒸发到外部，白铁罐里始终保持着一定的湿度，所以粪球没有变干变硬，虫卵才得以安然成长。

大约过了两周，梨形粪球中的幼虫应该长大了吧？"现在变成什么样子了呢？"我好奇地在粪球上开了个小洞。

没想到，幼虫马上从小洞里探出头来，似乎想探个究竟。不过它很快就把头缩回粪球里，随即用一团褐色的软状物，像抹水泥一样把小洞封了起来。过了一会儿"水泥"就变干变硬了。

起初我以为，幼虫是用从粪球内部挖下来的牛羊粪便修补小洞的。也许它们是怕空气进入使粪球变干发硬，没法食用才去修补的。

我把变干的"水泥"挖掉，幼虫立刻又用新的"水泥"把洞补上了。

就在这个时候，我瞥见那只幼虫把身子转了个方向。

"哦，原来是这么回事！"

原来幼虫并不是从粪球里面挖牛羊粪便来修补洞口，而是用自己的粪便。圣甲虫幼虫排出湿软的粪便，用屁股前端的"抹刀"把粪便像抹水泥一样抹平，堵住洞口。真是个巧妙的方法啊！

我观察了幼虫的身体，发现它的背部高高隆起，里面装的应该就是它的粪便。

幼虫以粪球为食物，然后把自己的排泄物囤积在背部。当粪球上出现小洞时，就把排泄物当作"水泥"来修补小洞。

白铁罐 可以保持水分

木箱 干掉了

装粪球的箱子不同，状况也有所不同。

咦，这里怎么有个洞！

看啊！

粪球中的情况如何呢？

如果一直开着洞，粪球就会变硬，无法食用。

咖！

马上补上！

看见了吧，这就是"圣甲虫水泥"的惊人力量！

咕叽咕叽

我从小就很厉害哦！

能把消化后排出的粪便囤积在背部，再用它们来补洞，你们真是太了不起了！

圣甲虫

宝石般的虫蛹

盛夏来临，包裹着圣甲虫幼虫的梨形粪球外表开始变得干硬。不过，住在里面的幼虫依旧可以吃着内侧柔软的粪便，安然无恙地蜕皮成蛹。

圣甲虫的虫蛹呈黄色，像黄玉一般漂亮。小圣甲虫前腿交叉于胸前的样子，好似躺在棺椁（jiù）中的木乃伊。

到了9月的雨季，雨水渗入埋在牧场地下的梨形粪球，原本硬邦邦的粪球外壳在吸收水分之后，开始变软。

此时，粪球中的圣甲虫已经蜕去外皮，变为成虫。年轻的成虫背部使劲一用力，就会从粪球中破壳而出。

为了测试，我避免让干粪球接触到雨水，继续保持原来干硬的状态。结果，已经羽化成虫的圣甲虫，只能在里面徒劳地用爪子抓硬壳，无法破壳而出。

在北非的埃及，也生活着各种圣甲虫。埃及的圣甲虫羽化的时间，正好就是尼罗河河水泛滥的时候。

河水漫出河岸，渗透到附近的土地里，如同法国9月的大雨一样，把地下的梨形粪球变得湿软，帮助新生的圣甲虫破壳而出，爬到地面。

看到这一幕的古埃及人，相信圣甲虫是在钻进泥土中死亡之后，再一次脱胎换骨获得新生，最终破土而出的。

所以古埃及人把圣甲虫当作"死亡和重生"的象征，把宝石做成圣甲虫的形状，装饰在木乃伊的胸前。从法老图坦卡蒙＊的坟墓中就挖出了奢华精美的圣甲虫宝石饰品。

很多动物被古埃及人奉为神明，作为崇拜对象。在他们眼里，狗、猫、秃鹫都是神。

他们还把圣甲虫当成掌控太阳每天东升西落的太阳神的化身，称它为"凯布利"（Khepri）。

＊古埃及新王国时期第十八王朝法老（公元前1341—前1323年）。

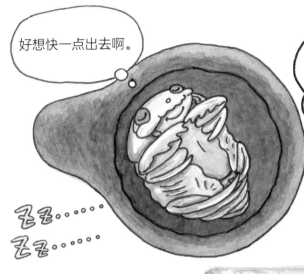

好想快一点出去啊。

Z Z ......
Z Z ......

样子像是埃及的木乃伊。

就像宝石一样……

粪球如果没了水分，就会变硬，里面的圣甲虫就出不来了。

这就是外面的世界啊！

啪咔！

从古埃及法老图坦卡蒙的墓穴中找到的圣甲虫胸饰。

凯布利

埃及的太阳神之一，头部是圣甲虫的形象。

接下来，去聊聊锹甲吧。

后会有期！

圣甲虫

与法布尔的时代相比，现在聚集在动物粪便附近的圣甲虫越来越少。人工饲料和农药的使用，致使牛羊粪便的质量大不如前。

法国南部的牧场生活着许多圣甲虫。

台风蜣螂的梨形粪球（前端有白色的卵）

圣甲虫和粪球

聚集在牛粪上的圣甲虫

圣甲虫

边吃边拉的圣甲虫

台风蜣螂和梨形粪球

粪金龟和梨形粪球

粪金龟和粪球

日本和法国的锹甲

来聊聊大家最喜欢的锹（qiāo）甲和独角仙吧！

锹甲和独角仙都是甲虫。在昆虫的四片翅膀中，甲虫的前两片翅膀变成了坚硬的鞘翅，用以保护身体；而隐藏在下面的后翅则承担了空中飞行的任务。前面说到的圣甲虫就是金龟子科的甲虫。

雄性锹甲的大颚（è）*与古代日本武士头盔的"锹形"装饰十分相似，由此得到"锹甲"的称谓。

雄性锹甲们经常会为抢夺树汁和配偶大打出手。在这种情况下，自然是大颚越大、越发达的锹甲越占优势。

独角仙和圣甲虫一样，也是金龟子科的昆虫。它体型较大，非常强悍，长着一只大而坚硬的角。在中国，人们叫它"独角仙"。而在日本的某些地方，它还被称为"弁（biàn）庆"，这是日本平安时代末期一位英雄的名字，关于他武勇的传说流传至今。这也是个很好的名字，其中饱含着情感。

在法国，有一种名叫"欧洲深山锹"的锹甲，它的大颚比日本深山锹的还要威武。在法国南部的大山里，生长着大量可用于制作红酒瓶塞的西班牙栓皮栎（lì）。每到傍晚，人们散步到林间，就会看到很多欧洲深山锹飞来飞去。若趁着夜色，点上灯去采集，一定能满载而归。

日本除了有深山锹甲以外，还有大锹和日本锯锹这样强悍的锹甲，真是令人羡慕。

说起欧洲的大锹，在日本锯锹面前，它就像豆粒一般小而羸弱，根本无法与之相提并论。

* 昆虫摄取食物的器官。

神秘大餐

"这个'忏悔星期二',来我家怎么样?我请你们吃木蛀虫。"

我写信邀请朋友们来家里做客。"忏悔星期二"是基督教的节日,法国人通常会在这一天聚餐庆祝。

"那是什么?"

是我为大家准备的神秘大餐。

公元1世纪,古罗马有位伟大的将军,名叫普林尼。这位将军是个好奇心旺盛、知识渊博的人。在庞贝城附近的维苏威火山爆发时,他为了研究火山,亲自奔赴那里,结果因吸入火山喷出的含硫气体而中毒身亡。

普林尼博览群书,著有《博物志》一书,其中就提到了薄翅天牛幼虫的烹饪方法。

读过这本书之后,我萌生了做来尝尝的想法,于是趁着节日邀请朋友们一起来品尝。

根据《博物志》的记载,那"是一种栖息在朽木中的白白胖胖的大虫子"。所以我推测,应该就是天牛和锹甲等甲虫的幼虫。

在日本,这种幼虫被叫作"铁炮虫",过去人们会把这种虫子烤熟后蘸着酱油吃。

我把薄翅天牛幼虫放在火上烤,撒了盐,然后和朋友们分享。

烧烤时,虫子的油脂滴到火上嗞嗞作响,散发出诱人的香味。"哇!还蛮好吃的!"外皮酥脆,内部绵软,入口即化,口感真不错呢。当然,也有朋友吃得提心吊胆。家里的小狗只是嗅了一下,就扭头跑开了。

普林尼还这样写道:"如果把虫子用小麦粉喂大,口感会更好。"

据说,有位日本昆虫爱好者想知道这种说法是否可行,就用添加了小麦粉的饵料喂养锹甲的幼虫,结果养得特别好呢。

锹甲的幼虫

找到了好多!

天牛的幼虫

咔嚓

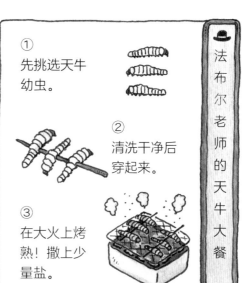

① 先挑选天牛幼虫。

② 清洗干净后穿起来。

③ 在大火上烤熟!撒上少量盐。

这东西真好吃!

哇哈哈

来,大家一起来尝尝吧。

吃起来像烤熟的杏仁。

为什么要特意跑来吃虫子?

爸爸,很好吃呀!

吧唧吧唧

皮有点硬!

很好吃的哦。

我才不要呢!

扭头

锹甲

锹甲③ **杂木林里的昆虫酒吧**

夏天，走进杂木林，会闻到一股特殊的酒味。这是枹栎（bāo lì）、麻栎树干中流出的树汁发酵后的气味。这种气味会吸引独角仙、锹甲、天牛、日铜伪阔花金龟的到来。

大紫蛱蝶、日本斜纹脉蛱蝶等也寻味而至。这些蝶类不吸食花蜜，却喜欢吮吸树汁。非但如此，它们甚至还会停在动物的粪便上吸食汁液。

对了对了，这种气味还会引来胡蜂，大家可要小心了。一旦被胡蜂蜇到，严重时可能会送命哦。

入夜以后，独角仙和锹甲会倾巢出动。因为惧怕鸟类，它们才选择在夜间活动。

对于昆虫而言，鸟类是很可怕的敌人。在地球的演化史上，最早出现的飞行生物便是昆虫。在那个时候，即便它们飞得很慢，也不用担心被天敌吃掉。会飞的爬行动物出现后不久，才有了鸟类。

自那以后，昆虫想尽一切办法躲避鸟类的抓捕。正因为如此，昆虫才会在颜色和体型上大做文章，向善于逃跑或隐藏自己的方向演化。

在日本，说起在大树干上打架的昆虫，谁也敌不过独角仙。可惜在我的故乡法国，没有这种顶着威武犄角的甲虫。

独角仙会用头部前端的长角，从锹甲的大颚正中央直插到它的身体下方，然后把对手从树干上弹飞出去。它利用的就是杠杆原理。

但如果把独角仙和日本锯锹关在同一个笼子里，则会酿成"惨案"。日本锯锹会把独角仙斩首示众。在狭小的笼子里，独角仙的长犄角施展不开，根本无法发挥作战优势。

一旦独角仙被日本锯锹的大颚夹住，日本锯锹就会轻而易举地把它的头削去。不过，在杂木林里是不会发生这种情况的。

锹甲④　世界各地的锹甲

说起锹甲，大家一定想知道世界上最大、最强的锹甲长什么样子吧？

全世界最大的锹甲就是长颈鹿锯锹了。

这是目前已知最大的锹甲，体长（从大颚前端到尾部的长度）达118毫米，实在是令人惊叹！

长颈鹿锯锹的一对大颚，外形弯曲，气势逼人。它们分布在东南亚一带，其中体型最大的生活在印度尼西亚的弗洛勒斯岛上。

"弗洛勒斯岛在哪里啊？"这时就要用到地图或地球仪了。一旦对昆虫产生了兴趣，就想去了解世界上的很多地方，也会去研究居住在那些地方的人以及当地的文化、动物和植物。我就是因为这样，才顺带学到了不少知识。

言归正传，世界上还有很多巨大的锹甲。

在菲律宾的巴拉望岛上，生活着一种体长最大为112毫米的扁锹。扁锹比长颈鹿锯锹的体型更宽，看起来沉甸甸的。日本也有扁锹，却无法与之媲美；而且遗憾的是，法国没有这种锹甲。

对了，听说日本的孩子会抓锹甲或独角仙来玩相扑比赛。

除了游戏，日本还有很多以捕捉蜻蜓和蝉、倾听螽（zhōng）斯和钟蟋的鸣叫、观赏萤火虫为题材创作的俳（pái）句*和其他诗歌。

在过去很长一段时间里，法国人相信除了蜜蜂和瓢虫之外的昆虫，都是恶魔的造物。

不过，在讨论昆虫是上帝创造的还是恶魔创造的之前，我觉得先认真观察活生生的昆虫，认真思考为好。

* 俳句是日本的一种古典短诗，由"五—七—五"共17个字音组成。

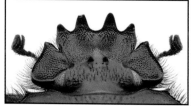

圣甲虫的头部

长得像一把锯子，可以用来切割粪球。

台风蜣螂

→P6 圣甲虫

法布尔观察研究的一种圣甲虫。

圣甲虫的前腿

也长得像一把锯子，可以用来切割粪球。

圣甲虫

→P6 圣甲虫

大螃步甲（法国南部）

→P102 大螃步甲

日本土甲

→P102 大螃步甲

大螃步甲的猎物

圣甲虫羽化成虫后剩下的梨形粪球

欧洲大锹甲

➡ P26 锹甲

产于欧洲的一种大锹甲。比日本大锹甲的个头小很多。

欧洲深山锹

➡ P26 锹甲

深山锹甲（日本）

➡ P26 锹甲

大锹甲（日本）

➡ P26 锹甲

蝉① 蝉鸣

大家可以辨识出几种蝉的鸣叫声呢？"唧唧唧——"这样叫的是身体绿色、翅膀透明的鸣鸣蝉。

会发出油炸时热油翻滚那样"嗞哩嗞哩"声音的，是什么蝉呢？

对了，就是翅膀为茶褐色的油蝉。

那遍布日本关西、九州地区，叫声像大合唱似的"唰——唰——唰"的，是什么蝉？

是全身黑亮、身形硕大、翅膀透明的熊蝉。

在日本的山林中，每当日落西山时，经常会听见一种"哗哗哗——"的鸣叫声。

那是日本暮蝉发出的。它常在傍晚时鸣叫，因此而得名。虽然日本暮蝉的音质清亮，却不免有些寂寥。

不过，更为寂寥的是寒蝉的叫声。寒蝉通常在夏末活动，它的鸣叫似乎在叹惋即将逝去的夏天，让人心生不舍；也好像在提醒你，赶快完成暑假作业。

但在美国和欧洲国家，并没有这么多种鸣叫悦耳的蝉。

蝉主要分布在热带和亚热带地区，所以在热带不仅有很多体形硕大、色泽好看的蝉，还有很多鸣叫动听的蝉。

从这点来说，身为法国人的我，非常羡慕生活在热带的人。因为在法国只有会发出"唧唧唧"单调叫声的小型蝉，而且就连这种蝉鸣，也只有在法国南部才可以听到。

所以，有些住在法国北部的人一辈子都没有听过蝉鸣。就算他们哪天有幸听到日本等地的蝉鸣，也会误以为是鸟叫吧。

不了解蝉的人，怎么也想不到，这么小的虫子竟然能发出这么大的鸣叫声。

蝉

蝉② 蚂蚁和蝉的故事

你们听过这个故事吗?

夏天只顾唱歌嬉戏的蝉,到了冬天因为没有食物,饥饿难耐。

于是它跑去邻居蚂蚁家,请求蚂蚁帮忙:"我饿得不行,能给点吃的,让我坚持到明年春天吗?"

没想到蚂蚁不仅态度冷淡,还很小气,它最讨厌借人东西。这是蚂蚁的一个小缺点。

蚂蚁问贫困潦倒的蝉:"那整个夏天,你都在干什么呢?"

"为了给大家带去欢乐,我从早到晚都在唱歌啊。"

"唱歌?那这次,不如你一直跳舞吧,怎么样?"

真够欺负人的!对了,你应该想到了,这个故事与伊索寓言中《蚂蚁和螽斯》*的情节一模一样。其实,这个故事本来讲述的并不是蚂蚁和螽斯,而是蚂蚁和蝉,最早是用希腊语写成的。

法国诗人拉封丹把原文希腊语的伊索寓言改编成法语诗。这首诗也是法国孩子在学校里最初学到的诗歌之一。不过正像我在前面说的,生活在法国北部的人们并没有见过蝉,即使和他们说起,他们的脑子里也只会出现"不知道长什么样,应该是螽斯那样会叫的虫子"的形象。

在德语版和英语版的故事里,插画中的蝉也被画成了螽斯。

据说伊索寓言是经由欧美传到日本的,所以现在日本小朋友熟悉的版本也是《蚂蚁和螽斯》,而不是《蚂蚁和蝉》。

当然,在伊索寓言的发源地希腊,气候温暖,蝉非常多。当一种文化传播到其他国家时,会发生很多意想不到的改变,这相当有趣。

* 中文常见版本为《蚂蚁和蟋蟀》。

蝉本来就不吃小麦。

真是过分！

整个夏天你都在唱歌，这回你怎么不去跳舞呢？

可以借给我一点儿小麦或其他的食物吗？

原本故事的主角应该是我！

蚂蚁和蝉

原文为希腊语

由不认识蝉的人翻译过来……

诗人拉封丹

蚂蚁和螽斯

改为法语诗

文化在传播的过程中，会发生各种各样的变化。

伊索寓言 蚂蚁和螽斯

蝉

蝉的身体

如果我告诉你，蝉有五只眼睛，你一定会大吃一惊吧！

那么，抓一只蝉来实际观察一下吧。

首先，在蝉的头部两侧，有两只离得较开的大眼睛，这是"复眼"。复眼看起来是一只眼睛，实际上由很多小眼睛组成。

在两只复眼中间还有三个小小的凸起，这是"单眼"。油蝉的单眼红红的，像红宝石般璀璨。

这就是蝉的五只眼睛。蝉是白天活动的昆虫，视力极好。当你听到"知了知了"的蝉鸣声，试图轻轻靠近抓捕它时，它总能在你快抓住它的前一刻逃之夭夭。因为你的一举一动，早就被蝉看得一清二楚了。

那么蝉的听力如何呢？我试着做了一个试验，来了解蝉的听力：如果突然发出巨大的声响，蝉会有什么反应呢？

我从村里的办事处借来了一门大炮，打算在蝉栖息的大树附近发射空炮。

放空炮就是不在炮管中放炮弹，而是直接点燃火药，发出"砰"的一声巨响的做法。

我找了一棵蝉鸣声很大的梧桐树，在树的旁边发射空炮。

大家觉得树上的蝉会有什么反应？——它们竟然无动于衷，以一副全然不知的样子继续引吭高歌。由此我推断，蝉是听不见声音的。

可这个推论似乎也不正确：因为每种生物能听到的声音频率范围不同，或许大炮的声音不在蝉的听力范围之内，所以蝉才没有任何反应。

只有雄蝉才会鸣叫，它用悦耳的声音歌唱，吸引雌蝉。之后，雌蝉就会从悦耳的歌声中感受到雄蝉的魅力。所以歌唱得好，才有优势啊！

蝉的腹部有一个发音器，通过牵动发音肌发出声音。

腹部

让我们好好观察一下蝉！

蝉是从哪里发出鸣叫声的？

眼睛

单眼

复眼

我有五只眼睛，视力可好啦。

简直就是外星人！

知了——

知了——

空炮试验

蝉应该听不到声音吧！

砰

咿——咿——咿（音色真棒）

大爱！

好帅啊！

蝉

蝉④　蝉的嘴巴和尾部

让我们把蝉的身体翻过来，从正面观察一下吧。在蝉相当于人脸的部位下方，长着一根细细的管子。这就是蝉的嘴巴，叫作"口器"。

蝉就是把口器刺入树干中吸食汁液的。

虽说如此，但蝉并不是直接把口器刺入树干的，因为树皮很硬，单刀直入容易使口器折断。

在蝉类似管子的口器里，还有一根更细的针状管子。蝉能把这根"针"巧妙顺畅地插入树皮的纤维之间。然后，把这根针当作一根极细的吸管，吸食汁液。

接下来让我们看看蝉的屁股。雌蝉停在表面干枯的树枝上，从腹部末端伸出一根针来。这根"针"由两根锯齿形的管鞘保护着，非常特别。

雌蝉用这两根像锯子一样的管鞘，一左一右地交替，切开坚硬的树皮。然后，在树干里面产卵。

只要用上这种构造的武器，再坚硬的树皮也不在话下。看来，比起人类发明锯子的时间，蝉可要早得多了。

有时，在雌蝉努力产卵的时候，会飞来一些小虫，它们会静静等在蝉卵所在的树干旁边。

仔细一瞧，原来是一种赤眼蜂。

等到雌蝉产完卵后，这种小蜂会迫不及待地赶来，在蝉卵间产下自己的卵。赤眼蜂的幼虫就是靠吃蝉卵长大。

雌蝉明明有能力碾碎赤眼蜂的卵，却视若无睹。结果，自己的卵被赤眼蜂的幼虫吃掉了。

像这样，利用其他昆虫和动物维持生命的方式叫作"寄生"。

有时，我们可以在日本暮蝉的腹部看到缠绕的白色絮状物。那些其实是名和蝉寄蛾的幼虫。它们从蝉的腹部吸收养分，这也是一种寄生。

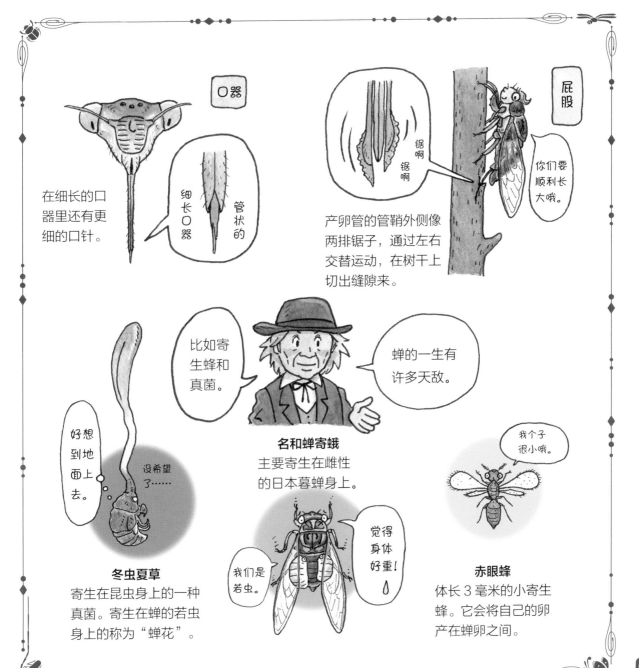

口器

在细长的口器里还有更细的口针。

细长口器

管状的

屁股

锯啊
锯啊

你们要顺利长大哦。

产卵管的管鞘外侧像两排锯子,通过左右交替运动,在树干上切出缝隙来。

比如寄生蜂和真菌。

蝉的一生有许多天敌。

名和蝉寄蛾
主要寄生在雌性的日本暮蝉身上。

好想到地面上去。

没希望了……

冬虫夏草
寄生在昆虫身上的一种真菌。寄生在蝉的若虫身上的称为"蝉花"。

觉得身体好重!

我们是若虫。

我个子很小哦。

赤眼蜂
体长 3 毫米的小寄生蜂。它会将自己的卵产在蝉卵之间。

蝉

蝉⑤ 蝉的卵和羽化

一个月后，夏天产在树枝上的蝉卵，颜色会渐渐由白转黄。再过一个月，卵的一端会出现两个小点，那便是幼蝉的眼睛。

大家有看过刚刚出生的幼蝉吗？我很想亲眼看看，所以每年雌蝉产卵后，我都会搜集一些有蝉卵的树枝进行观察。经过漫长的等待，一次偶然的机会，我目睹了蝉出生的瞬间。

那是某年10月末的事情了。

"唉，今年也看不到蝉卵孵化了吗？"一天，我情绪低落地把上面有蝉卵的小树枝堆在暖炉边。

就在这时，眼前的蝉卵忽然开始孵化了。

天气寒冷，暖炉边的蝉卵感受到了温暖。这就像蝉卵在野外受到太阳光照射时会感受到温暖，进而孵化。

如果在野外，卵中孵化出来的若虫会"吧嗒"一声掉在地上，在地面爬行一阵子后，再钻进土里。

为躲避地面上的寒冷，若虫会不断钻入泥土中。这是因为泥土深处的温度相对稳定，不同于地表。

若虫在泥土中靠吸食植物根部的汁液长大，但是植物根部的汁液营养成分较少，所以蝉变为成虫要花上好几年的时间。美国有一种蝉要花17年的时间才能长为成虫，这种蝉叫作"十七年蝉"。

夏天的傍晚，在公园或庭院里可以观察到幼蝉破土而出的瞬间。

破土之后，若虫会爬到树上，找到较为安全的地方后，它背上的壳会裂开，然后从中爬出淡绿色的、漂亮的成虫。

不久，它的翅膀逐渐展开，身体的颜色逐渐变深，最后飞走。这一变化过程非常具有观察性，真是了不起的大变身啊！

蝉的一生

（以油蝉为例）

夏天，在树枝上产下蝉卵。

要等一年呢。

蝉的羽化过程真的很神秘哦！

成虫拼尽全力生存，在夏天大约能存活两周。

再等一会儿就可以飞啦！

▽第二年初夏

终于要蜕皮了。

像是一条虫了。

朝地下进发。

终于可以飞向天空了！

爬到树枝上开始羽化，身体变硬，变为成虫。

从卵中孵化出来的若虫钻入地下。

这就是外面的世界啊！

慢慢长大。

继续长。

就差一点儿了。

盛夏的一天，天黑后钻出地面爬到树上。

蝉

节腹泥蜂① 研究活着的蜂

从本章开始，我要和大家聊一聊"蜂"，它可是我开启昆虫生态研究的钥匙。

记得在一个冬天的夜晚，天很冷，我坐在暖炉旁翻阅科学杂志。随手翻了几页后，一篇论文跃入了我的眼帘。

"吉丁虫泥蜂的研究"这个标题吸引了我的目光。这篇文章的作者名叫莱昂·迪富尔（Léon Dufour）。吉丁虫泥蜂是一种以吉丁虫为猎物的泥蜂，它捕捉猎物是为了给幼虫储备食物。

读了这篇论文后，我惊讶不已。

在此之前，昆虫学的研究范围只局限于采集昆虫、制作标本和研究昆虫的身体结构。

从来没有人想到要去研究活着的昆虫有哪些行为，以及产生这些行为的原因。

但迪富尔的论文，描写的正是活体昆虫的生态。

"多么有趣的研究啊！这才是我真正想做的事情呀！"

我的心中充满了期待。

迪富尔这样写道："吉丁虫泥蜂在泥土中筑巢，如果去挖掘它的蜂巢，会从中掉出一些漂亮的吉丁虫。"

而且，这些从蜂巢中掉出来的吉丁虫，即便在炎热的夏季也不会腐坏或干瘪。

"就像被注射了防腐剂。"

读到这里，我心想：

"神秘的防腐剂到底是什么呢？这个秘密值得研究研究。"

于是，我决定到野外去研究蜂类。

研究是需要亲眼观察的，这一点很重要。

关于吉丁虫泥蜂
习性的论文

莱昂·迪富尔
（1780—1865）

法国昆虫学家、
医学博士，主要
研究活体昆虫。

吉丁虫泥蜂会在捕到的
吉丁虫身上注射防腐剂？

结果……

尸体成了
不腐之身？

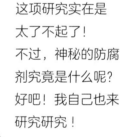

这项研究实在是
太了不起了！
不过，神秘的防腐
剂究竟是什么呢？
好吧！我自己也来
研究研究！

偶然翻到的一
本书，决定了
法布尔老师一
生的研究方向。

1854 年冬天，
法布尔老师
31 岁。

节腹泥蜂

捕捉卷象的泥蜂

我从迪富尔的研究中得到启示，决定研究一种名叫栎棘节腹泥蜂的泥蜂。在野蜂活动频繁的季节，我来到郊区的悬崖边，这里聚集了许多正在筑巢的栎棘节腹泥蜂。

为了喂养幼虫，这种蜂选择了一种体形较大的卷象——小眼方喙卷象作为猎物。

我站在蜂巢前，看到栎棘节腹泥蜂不知从哪里带着猎物飞了回来。"咚"的一声，它在距离蜂巢稍远的地方放下了猎物，然后衔着猎物把它拖到位于悬崖中段的蜂巢入口。卷象就像死了一样，一动不动。

栎棘节腹泥蜂带着猎物飞回来的样子，看起来十分轻松。

我试着称了一下栎棘节腹泥蜂和猎物卷象的重量，结果发现——节腹泥蜂的重量只有150毫克，而卷象有250毫克重。

也就是说，栎棘节腹泥蜂能轻而易举地带着约为自己体重1.7倍的猎物飞行，就像一架小型飞机在搬运汽车。

为了研究卷象，我收集了尽可能多的样本。想知道我是怎么收集的吗？

方法很简单。就是在栎棘节腹泥蜂带着卷象回到蜂巢时，用一根稻草戳落猎物，然后迅速抢走。"咦，我的猎物去哪儿了？真是怪了！"栎棘节腹泥蜂一开始会纳闷地找上一圈，但没多久便又去狩猎了。

不到10分钟，它又带着新的卷象回来了。而且每次都是小眼方喙卷象，绝不会混入其他种类。

为什么栎棘节腹泥蜂能够如此准确迅速地找到猎物呢？是嗅到了猎物的气息？还是拥有特殊的视力，能准确无误地分辨卷象？

看来，昆虫拥有很多不为人知的神奇能力呢！

在下一年 9 月中旬，为探究迪富尔论文内容的真实性，我实地观察了栎棘节腹泥蜂。

让我看看你精妙的狩猎技巧吧！

嗡嗡——

好可怕啊！

我可是捕捉卷象的高手。

小眼方喙卷象

这种卷象在法布尔老师居住的法国很常见。

如果打个比方……

栎棘节腹泥蜂

一种为了给幼虫提供食物而捕猎的泥蜂。

好重啊！

其实我没有飞。

咣当

带回家喽！

被抓住了！

太强了，这都能飞起来！

嗡嗡——

电流实验

"难道迪富尔的推论是真的？泥蜂为了保持猎物的尸身不腐，会在猎物体内注射防腐剂？"为了彻底搞清楚这个问题，我还需要更多的卷象。

于是，我决定去挖掘栎棘节腹泥蜂的蜂巢。

在栎棘节腹泥蜂的蜂巢里，前段是一条细细长长的隧道，离入口处不远的后段有几处分岔，在几个分岔的末端，分别形成了小房间。每个小房间里都储存着猎物卷象。

我细数了一下，发现每个小房间里竟然有1、2、3……6只卷象。如果这是养大一只幼虫所需的食物量，那栎棘节腹泥蜂幼虫的食量还真是不小呢。

就这样，我又找到了几个蜂巢，收集到了约100只卷象，有了足够的研究素材。

我把从栎棘节腹泥蜂那里抢来的卷象带回家，用放大镜观察，并没有发现任何伤痕。

我解剖了卷象的尸体，结果发现它们的内脏不仅如活着时那样新鲜，并且用纸包裹起来也不会干瘪或腐烂。这与迪富尔研究中观察到的吉丁虫的状况相同。

"果真是被栎棘节腹泥蜂注射了防腐剂？不过，还得确认一下这些卷象是否真的已经死了……对了！用电试试。"

我在卷象的身上通了微弱的电流，它竟然有了反应，动起脚来。

"这些猎物不是还活着吗？"

但也有可能是电流引起了已死昆虫肌肉的痉挛，还得用确定已经死亡的卷象来试一下。

于是，这一次我在已被毒死的卷象身上通电，结果它纹丝不动。

这么说来，栎棘节腹泥蜂带回来的卷象是活着的。

"栎棘节腹泥蜂的猎物并没有被注射什么神秘的防腐剂，迪富尔的说法是错误的！"

我得好好利用这些昆虫。

从栎棘节腹泥蜂那里抢来的卷象真的死了吗？做个实验确认一下！

我收集了约100只卷象。

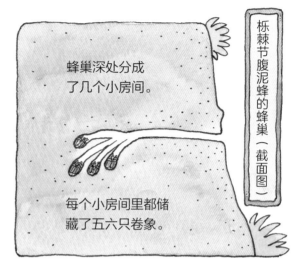

栎棘节腹泥蜂的蜂巢（截面图）

蜂巢深处分成了几个小房间。

每个小房间里都储藏了五六只卷象。

电流实验

通上微弱的电流……

栎棘节腹泥蜂抓来的卷象

通电了

脚在颤抖

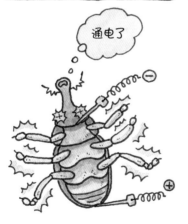

已被毒死的卷象

吱吱——

纹丝不动

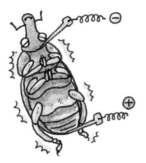

并没有什么神秘的防腐剂！栎棘节腹泥蜂抓来的卷象都还活着！

果然是这样的！

节腹泥蜂

节腹泥峰④ **目睹被击倒的瞬间**

栎棘节腹泥蜂带回来的猎物卷象，看起来像死了一样，一动不动，其实还活着。那么，栎棘节腹泥蜂是怎么一招制敌的呢？

我决定做个实验。

"如果我把活着的卷象抓来，放在栎棘节腹泥蜂的眼前，也许就能看到它击倒猎物的瞬间了！"

从第二天早上开始，我就到处搜索活着的卷象。我在田地、篱笆、路边各个地方搜寻，足足花了两天时间，好不容易抓到了3只干巴巴的卷象。

而栎棘节腹泥蜂不用10分钟，就能把刚从蛹中孵化出来的新鲜卷象带回家，我们之间的差距可不是一点点啊……

我把好不容易抓来的卷象，放在离蜂巢几厘米远的地方。

抓来的卷象本来就是活的，一旦被放开，就开始到处乱跑。每当卷象跑到离蜂巢较远的地方时，我就把它放回原位。

在这样等待的过程中，栎棘节腹泥蜂终于出巢了。

"马上就能看到栎棘节腹泥蜂击倒卷象的瞬间了！"

我屏住呼吸，准备观察，可栎棘节腹泥蜂就像没有看到干巴巴的卷象，它径直越过卷象，然后飞走了。

我失望极了。

在其他蜂巢旁我也做了相同的实验，结果无一例外。也许是我抓的卷象不够新鲜，根本入不了栎棘节腹泥蜂的眼，于是我放弃了这种尝试。

既然如此，那就把栎棘节腹泥蜂和卷象一起关进狭小的瓶子里，看看会发生什么吧。栎棘节腹泥蜂会用它的毒针把卷象刺翻吗？

但这一招也没有成功。栎棘节腹泥蜂非但没有用针刺猎物，还惊慌失措地想从瓶子里爬出来。

到底该怎么做，才能看到栎棘节腹泥蜂击倒猎物的瞬间呢？

为了做实验，还需要一些活着的卷象。

只要给我10分钟，我就能找到新鲜的卷象。

呵呵

干巴巴

我花了足足两天时间，好不容易找到了3只干巴巴的卷象。

我把卷象放在蜂巢的附近。

但是……

终于可以看到栎棘节腹泥蜂狩猎的场面了！

啊呀，再见！我要去找更好的猎物！

视而不见啊……

看不上啊！

栎棘节腹泥蜂直接越过干巴巴的卷象，径自飞走了。

把卷象和栎棘节腹泥蜂一起关进瓶子里，结果栎棘节腹泥蜂慌慌不安。

放我出去！

别挡道！

形势大逆转！

节腹泥峰⑤　蜂的必杀技

就在我绞尽脑汁极力思索的时候，一个不错的点子从我的脑中闪过，我知道怎么才能看到栎棘节腹泥蜂击倒卷象的瞬间了。

方法就是：趁着栎棘节腹泥蜂一门心思搬运卷象的时候，用别的活体卷象"偷天换日"。这样一来，即使换给它的卷象不太新鲜，栎棘节腹泥蜂也不会察觉吧。

我在前文中提过，栎棘节腹泥蜂带着猎物飞回来时，会先降落在离巢穴稍远的斜坡上，然后"嘿呦嘿呦"地将猎物拉上去。就在这个过程中，我用镊子抢走它捉来的卷象，然后换上已备好的替代品。

这个方法终于成功了。栎棘节腹泥蜂发现自己身体下方的卷象突然不见了，急得直跺脚，转身回头看。

接着，就看到了我放在它身后的替代品。栎棘节腹泥蜂马上飞到替代品的身边，拖着就走，可这只卷象并不听它的指挥。

就在这时，我终于看到了栎棘节腹泥蜂的必杀技。

栎棘节腹泥蜂从正面用大颚钳住卷象长鼻似的口器，牢牢控制住对方，然后伸长尾尖，一下子朝卷象坚硬外壳的缝隙间刺去。

霎时，卷象像被雷击了一样，立刻瘫痪了。

为什么被栎棘节腹泥蜂这么一刺，卷象就完全不能动了呢？栎棘节腹泥蜂到底刺中了卷象胸口的什么地方？

经过调查我才明白，原来那个地方集中了卷象的 3 个神经节，这些神经节控制着 6 条腿的活动。所以一旦那个地方被毒针刺中，卷象的运动神经就会麻痹，无法动弹了。

让其丧失运动能力，还能让内脏的功能完好无损。栎棘节腹泥蜂怎么会知道这个秘密的？真是让人匪夷所思。

猎捕卷象的栎棘节腹泥蜂

先用大颚钳住卷象的长口器，完全控制住卷象后，刺入尾端的毒针。

你是不可能从我的毒针下逃走的！

你给我老实点！

咔嚓！

救命！

完美的狩猎过程！

栎棘节腹泥蜂刺入了卷象的硬壳缝隙，那里到底是什么部位？

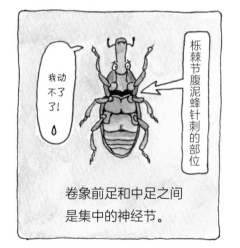

我动不了了！

栎棘节腹泥蜂针刺的部位

卷象前足和中足之间是集中的神经节。

节腹泥蜂

节腹泥峰⑥ 模仿泥蜂的实验

我已经在上一篇中讲过，节腹泥蜂之所以能用毒针一招制敌，关键在于毒针刺入的卷象的胸部位置汇集了它的运动神经。

在《昆虫解剖学》一书中，列举了神经节集中于一处的甲虫，其中有吉丁虫、卷象，还有圣甲虫。

"好，那我做个实验吧！"

我抓了一只圣甲虫，把它翻过来后，朝着胸部正中央的位置，也就是硬壳间的接缝处，用氨水代替节腹泥蜂的毒液，拿笔尖代替蜂针刺下去。

当我用蘸了氨水的笔尖一刺，原本手舞足蹈的圣甲虫一下子不动了。圣甲虫这种昆虫既顽强，力气又大，简单一刺竟然能让它安静，这着实让我惊讶。

节腹泥蜂能做到的，我也做到了。这招用在卷象身上，结果也完全一样。

什么？你说做这种实验，昆虫太可怜了？的确如此。但这些研究有益于科学进步，而且昆虫与人类不同，不会感到疼痛，这样想你会感觉好一些吧。

接下来，为了便于比较，对于神经节分散于几处的昆虫，我也做了相同的实验。

例如，我试着用钢笔向步甲注射了氨水。虽然一开始步甲出现了剧烈的痉挛，不过没多久，它又恢复了正常，迈开了步子，好像什么事也没发生。

这个实验清楚表明，注射效果会根据昆虫体内神经节聚集方式的不同，产生差异。

因此泥蜂所猎食的对象，一定都是神经节聚在一处的昆虫。节腹泥蜂就像一位卓越的解剖学家，对猎物的身体结构了如指掌。

节腹泥蜂当然不可能从学校里学到这种本事。所以，昆虫天生就知道对手的弱点。

幼虫的食物

节腹泥蜂捕捉猎物，是为了给自己的幼虫提供食物。

将猎物带回巢穴后，节腹泥蜂会在卷象身上产卵。从卵中孵化出来的幼虫，会把无法动弹的活体卷象一点点蚕食殆尽。

想想是不是不可思议？节腹泥蜂的成虫靠吸食花蜜为生，而它的幼虫吃的却是卷象，活脱脱的肉食主义者。

节腹泥蜂与自己的幼虫素未谋面，却深知幼虫食肉的习性，还提前为它准备好了食物。

然而，活活被蚕食的卷象又是怎样一种心情呢？这情形只是在脑子里一下闪过，都会让人毛骨悚然。

但我也在前面的章节中提过，昆虫与我们人类不同，不会感到疼痛，也不会担心未来。我猜想，卷象至多只会觉得："我怎么感觉身体不太对劲呢？"

而且节腹泥蜂的幼虫会避开卷象的致命部位，按照一定的顺序蚕食。所以，在幼虫吃掉它的整个身体之前，卷象一直是活着的。

该怎么解释节腹泥蜂的这种行为呢？

我考虑再三，最后认定这种行为应该是昆虫的一种"本能"。

也就是说，节腹泥蜂的脑袋像一台小型电脑，里面编好了如何行动的固定程序，而这个程序本身，就是所谓的本能。

而且，这种本能同时存在于节腹泥蜂成虫和幼虫的头脑中。

节腹泥蜂的成虫捕捉猎物时，会在固定的部位刺针，麻痹猎物，阻止其身体行动；而幼虫会从避开猎物的致命部位开始依次蚕食，巧妙地让猎物活到最后一刻。

这些行为都在"本能"这一程序中，预先设定好了。

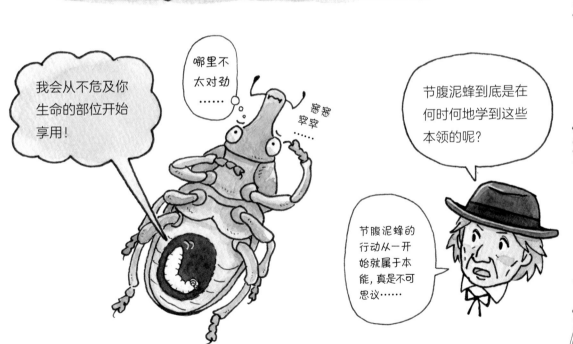

蜘蛛与昆虫的区别

很多人喜欢蝴蝶、蜻蜓、卷象这类的昆虫，但只要一提起蜘蛛，就会表现出厌恶之情："我最讨厌蜘蛛了！"

可问起他们为什么讨厌蜘蛛，这些人也答不上来。虽然有人会罗列出诸如蜘蛛的脚太多、动作恶心等理由，却终究无法给出一个确切的答案。

不过，在想清楚讨厌它的理由之前，还是让我们先来观察一下蜘蛛吧。

首先，蜘蛛的身体分为两部分：头和胸连在一起的"头胸部"以及"腹部"。

昆虫的身体分为头部、胸部、腹部三部分。蜘蛛和昆虫一样，同属节肢动物门，但身体的构造略有不同。

此外，蜘蛛有8条腿，8只眼睛。这么多只眼睛会看到什么样的世界呢？我们人类是无法想象的。

蜘蛛最重要的特征就是它会从尾部射出蛛丝。

仔细观察蜘蛛的尾部，会发现它的尾端有3对也就是6个"纺器"。每个纺器中又有数百根细管，从这些细管中会射出强韧的细丝。若说这些细丝有多强韧，那绝对比相同重量铁丝的强韧度高，真是令人惊叹。

蜘蛛的肚子又大又圆，里面装满了制造细丝的原料——黏液。这些黏液从细管中排出来，一接触到空气，就会瞬间凝结成丝。

其实，蜘蛛在平时会非常巧妙地利用这些细丝。

蜘蛛的武器除了沾满黏液的细丝之外，还有毒牙。虽然毒牙有毒，但大部分蜘蛛的毒液只对虫子有效，伤不到人类。

最近，日本发现了一种名叫"红背寇蛛"的剧毒蜘蛛，据说是从其他国家传入的。对于毒蜘蛛，人们需要多加小心。不过在全世界数万种蜘蛛之中，真正危险的毒蜘蛛寥寥无几，所以大家也不必太过担心。

先好好观察一下吧！

腹部

悦目金蛛

头胸部

有8只眼睛

东张

西望

上颚末端长有毒牙。

我们和昆虫有点不一样。

昆虫	蜘蛛
① ② ③	① ②
身体分为三个部分，有6条腿。	身体分为两个部分，有8条腿。

看招！

咻

肚子里有制造蛛丝的原料。

纺器

蜘蛛尾端长有数个吐丝的纺器。

一滑而下——

我的武器是带黏液的蛛丝和毒牙。

知道了！

真正有危险的蜘蛛是极少数，不用过分害怕。

不要不由分说地讨厌我们蜘蛛。

蜘蛛

蜘蛛② 蜘蛛网

大家捕捉飞虫时，会使用什么工具？

当然是捕虫网啦！这个如今常见的工具，是人类早期一项非常了不起的发明。

网的发明最初当然是为了抓鸟和捕鱼，后来经过改良，就有了捕虫网。如果没有这个利器，人类就只能徒手抓蜻蜓、捕蝴蝶了。但这样做成功的概率很小，而且还会伤到昆虫的翅膀。

捕虫网上都是网眼，能让空气顺利通过，使用时可以快速挥动。如果用塑料袋来做捕虫网，既不能随心所欲地挥舞，还很费劲。

说起用网来捕捉猎物的虫子，那就是蜘蛛了。

蜘蛛的巢，也就是蜘蛛网，并不是用于主动捕食，而是用来守株待兔的。蜘蛛会在飞虫经常出没的地方拉网筑巢，耐心等待飞虫们自投罗网。

过去，人们习惯用一种细网来捕捉小鸟。这种用细丝做成的网不易被肉眼察觉，把这种网绑在候鸟的必经之路上，就能捕到不少。但现在已经禁止使用捕鸟网了。

很久很久以前，蜘蛛就利用蛛网来捕捉猎物了。

其实，在蜘蛛中既有结网捕捉猎物的，也有不结网的。比较有代表性的结网蜘蛛有悦目金蛛、棒络新妇和大腹园蛛；而不结网的蜘蛛有跳蛛、狼蛛和蟹蛛。

过去，几乎每户人家都有跳蛛出没。它们通常会躲起来静静等候，在发现猎物后巧妙地接近，然后出其不意地跳到猎物身上捕食。

有的蜘蛛虽然不结网，但也会从尾部排出丝。它们在行进的过程中排出细丝，这样即使不小心从树上跌落，也能借着这些"安全绳"平安落地。

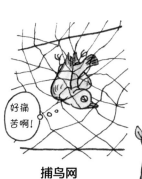

捕鸟网

好痛苦啊!

蜘蛛网很像过去捕鸟的细网。

蹲守在这里,等待猎物自动送上门。

这就是我们常用的捕虫网,用起来很方便呢!

真是了不起的发明!

我都是晚上狩猎。

进了我的网,就休想逃走!

动不了了!

大腹园蛛

(结网)

我很会跳哦!

放开我!

我会直接扑到猎物身上,不过我也吐丝。

跳蛛

(不结网)

蜘蛛的种类不同,捕捉猎物的方法也不同。

蜘蛛

蜘蛛③　蜘蛛的餐桌

不知大家有没有想过，如果我们能像蝴蝶、蜻蜓一样，在空中自由飞翔该有多好！想象虽然很美好，但现实却充斥着各种危险。

首先，最可怕的敌人就是鸟类。原本在空中飞得正欢畅，结果一片巨大的阴影掠过头顶。若是被鸟一口吞进肚里，那可真叫惨呢！

除此以外，还有什么可怕的危险呢？

就是蜘蛛网！蜘蛛用它那不易发觉的细丝在树枝间布下天罗地网，一旦有谁不小心撞上去，就会一下子被网粘住。

就算此刻意识到大事不妙，也为时已晚。蜘蛛丝不但黏性十足，拉扯之间还能不断延伸。

被网粘住的猎物想要一根一根除去缠在脚上的细丝，绝非易事。想要逃跑，越挣扎却被缠得越紧，最终全身动弹不得。

而且这时，硕大的蜘蛛不知从哪儿就冒了出来，突然现身。接着它会从尾部排出细丝，把猎物一圈一圈地缠绕起来，团团裹住。

光是用脑子想一想这个画面，就让人不寒而栗了吧。

被丝裹住的猎物无法动弹时，蜘蛛就会咬上一小口，然后再把嘴凑上去慢慢地吮吸。看起来像是在吸血，但其实并不是那么回事。

蜘蛛是先把消化液注入猎物体内，然后借助消化液的作用，让猎物的身体溶解，之后慢慢吸食。这种进食的方式叫作"体外消化"。

蜘蛛是吃肉的，它们必须通过捕捉猎物才能生存下去。肉食性的虫子会通过各种方式捕捉猎物，很多习性与植食性虫子完全不同。

哺乳动物也是如此，比如吃草的羚羊、斑马，它们不用花什么力气就可以找到食物；但肉食性的狮子必须辛苦地伏击、追逐、捕获逃跑的动物才能得到食物。道理都是一样的。

蜘蛛④ 悦目金蛛对战薄翅螳

准备好网、等待猎物上门的蜘蛛，在捕获猎物之后，还有很多事情要做。

蜘蛛能够通过蛛网的震动，判断猎物是否落网。

蛛网一震动，蜘蛛就会靠近猎物。但猎物之中，也不乏蜂类这种危险的对手，一旦被蜂刺中，死的就是蜘蛛自己了。

蜘蛛把屁股对着猎物，先用纺器前端触碰猎物，再粘上细丝，然后用前脚灵巧地转动猎物。这样用蛛丝把猎物层层缠绕，五花大绑。

但如果被网缠住的是更危险的猎物，蜘蛛会怎么对付呢？

我抓了一只比蜘蛛大好几倍的薄翅螳，把它丢到悦目金蛛的蛛网上。

悦目金蛛一出现，薄翅螳就举起自己的一对"镰刀"，摆出一副"有本事你过来"的架势。

这回蜘蛛并没有用尾端触碰并缠丝的方法，因为猎物过于危险，无法轻易靠近。

蜘蛛是从稍远处把尾端朝向薄翅螳，利用后脚抽出一大块白色"被单"，直接往薄翅螳身上罩去。那可不是一根根的蛛丝，而是很多蛛丝织成的一块"丝布"。

刚才还很神气的薄翅螳，被这黏糊糊的"被单"包裹，渐渐无法动弹，最后连"镰刀"也挥舞不动了。"可恶，竟用这种卑鄙的招式！"

蜘蛛一下子用掉了这么多蛛丝原料，腹中一定空空如也了吧。

可没想到，等薄翅螳稍微老实了一些，蜘蛛就开始靠近，用纺器前端触碰它，再粘上细丝，一圈一圈地把它缠绕起来。

剩下的动作与捕捉其他虫子时一样。也就是说，悦目金蛛最终大获全胜！

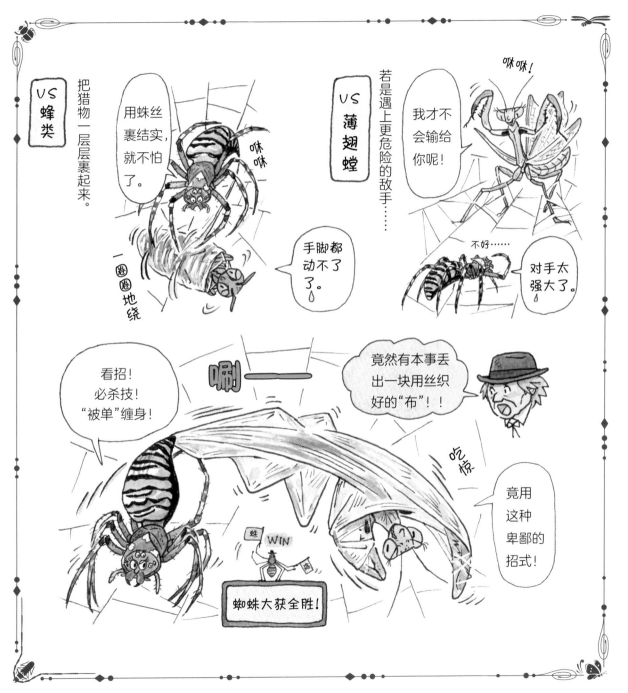

蜘蛛的结网方式

大腹园蛛和悦目金蛛的蜘蛛网都结得非常漂亮。

从中心呈放射状延伸出来的是纵丝。相对于纵丝，像螺旋状线条一样一圈一圈绕出来的是横丝。

用放大镜仔细观察蜘蛛网就会发现：纵丝只是单纯的丝线，而横丝上却沾着像水滴一样的物质。

用枯草的尖端触碰一下横丝，瞧，被粘上了吧。这些水滴状的物质其实是一种黏液，因此飞虫才会被蛛网粘住。

那么，这么完美的蜘蛛网是怎么结出来的呢？特别是第一根蛛丝是怎么结的，大家想知道吗？

是蜘蛛一边吐丝，一边从这根树枝跳到那根树枝吗？

才不是呢，蜘蛛是借助了风的力量。首先，蜘蛛从尾端放出蛛丝，让蛛丝随风飘过去（图①）。等到蛛丝的一端粘上另一端的树枝，蜘蛛就会顺着蛛丝搭起一条结实的桥丝（图②）。

接着，蜘蛛从桥丝的正中央，利用自身体重，一边抽丝一边慢慢降落，形成一个"Y"字形结构（图③）。

然后，蜘蛛开始拉框丝和纵丝（图④）。

等框丝和纵丝拉好后，蜘蛛再从中心开始织螺旋状的踏脚丝（图⑤）。

最后才是横丝（图⑥）。

蜘蛛顺着没有黏性的踏脚丝和纵丝，由外侧向中心位置一圈一圈地织下去。它一边织横丝，一边把失去作用的踏脚丝拆除。这种黏性很强的横丝，让猎物难以逃脱。

好了，终于完成了！虫子们，放马过来吧！看我怎么抓住你们！蜘蛛坐镇其中，倒吊着等待猎物自投罗网。

顺便提一句，蜘蛛重新结网时，是不会白白浪费原来的蛛丝的。它们会把原来网上的蛛丝全部吃掉，使其变成腹中新蛛丝的原料。

在自然界中，节约资源的生物多数会在竞争中胜出并存活下来。

我是这样结网的哦。

① 让蛛丝的一端随风飘过去。

桥丝

② 沿着粘住另一头树枝的丝线搭好桥丝。

③ 蛛丝从正中央垂下来，形成一个"Y"字形。

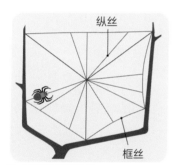

纵丝

框丝

④ 结好框丝和纵丝。

踏脚丝

⑤ 从中心开始织螺旋状的踏脚丝。

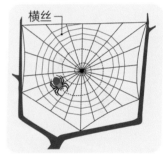

横丝

⑥ 从相反的方向拉出横丝（扯掉失去作用的踏脚丝）。

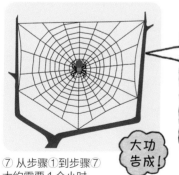

⑦ 从步骤①到步骤⑦大约需要1个小时。

大功告成！

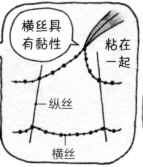

横丝具有黏性

粘在一起

纵丝

横丝

每一根丝都要好好利用哦！

吃掉丝线！

重新结网时，我会把网上原有的蛛丝吃掉，回收利用！

不结网的蜘蛛

如果在家里看到白额巨蟹蛛这种大型蜘蛛，很多人一定会发出尖叫。如果是很小的蜘蛛呢，大家又会是什么反应？

有时家中墙壁上会出现一种很小的蜘蛛，它们时而步履匆匆，时而轻快跳跃。

这种小蜘蛛名叫跳蛛，专以小苍蝇为食，在草丛里也可以看见它们的身影。

当把脸凑近观察时，它会举起前脚，摆出一副"你来啊"的架势，很是有趣。雄性跳蛛之间就是这样打架的。

在日本一些地方，人们会玩斗跳蛛的游戏。这种游戏不仅让小孩子非常着迷，大人也很热衷。

不知大家是否听说过跳蛛科中一种名叫"蚁蛛"的蜘蛛。

蚁蛛全身漆黑，与蚂蚁长得一模一样。只是蜘蛛有 8 条腿，而蚂蚁只有 6 条腿。

蜘蛛不是比蚂蚁多出了两条腿吗？

其实这多出来的两条腿，成了蚁蛛模仿蚂蚁的触角。

这种蜘蛛常在街边的公园和院子里出现，大家可以留心一下。有时人们会把它们错认作蚂蚁，看走眼了。

为什么这种蜘蛛要模仿蚂蚁呢？让我们先想一想蚂蚁是怎样一种昆虫吧。

蚂蚁的数量众多，无处不在。它们一旦找到虚弱不堪的将死之虫，便会上前出手将其消灭，然后将尸体分成一小块一小块，搬回蚁巢。

对其他昆虫来说，蚂蚁是一种可怕的敌人。而且一到关键时刻，蚂蚁还会释放出一股酸酸的气味，这种气味源于蚂蚁分泌的"蚁酸"，具有腐蚀性。

所以蚁蛛是想通过模仿蚂蚁，来降低被敌人攻击的概率吧。

不过蚁蛛终究是蜘蛛，当它从高处摔落时还是会从尾部放出细丝，这可以作为区分蚂蚁和蚁蛛的依据。

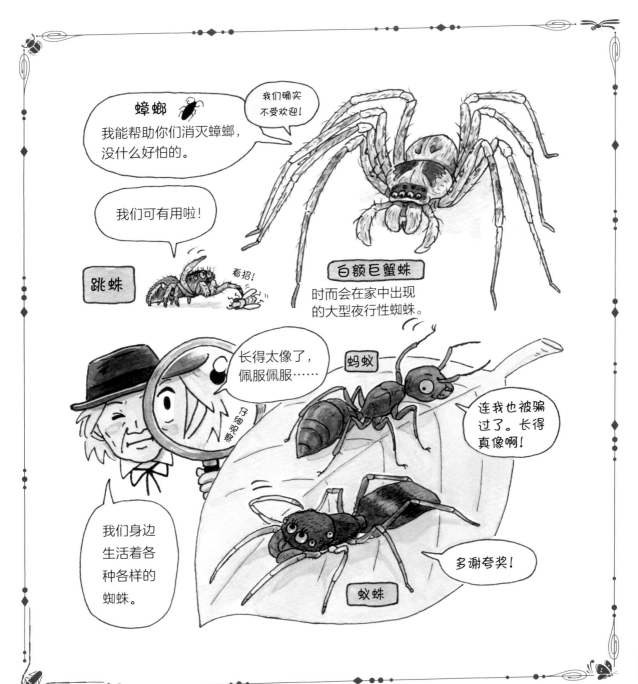

蟑螂 我能帮助你们消灭蟑螂，没什么好怕的。

我们确实不受欢迎！

我们可有用啦！

跳蛛 看招！

白额巨蟹蛛 时而会在家中出现的大型夜行性蜘蛛。

长得太像了，佩服佩服……

仔细观察

蚂蚁

连我也被骗过了。长得真像啊！

我们身边生活着各种各样的蜘蛛。

蚁蛛

多谢夸奖！

蜘蛛

大孔雀蛾光临的夜晚

一天夜里，我家发生了一件了不得的大事。

了不得的大事？——其实就是家里来了一大群飞蛾。听起来也许有点可怕，不过我却对那晚的事情印象深刻，我的儿子保罗也是如此。

那天晚上9点左右，大家正准备上床睡觉。突然，隔壁保罗的房间里发出了不小的动静。

"噼里啪啦"一通拍打的声音之后，我听到了保罗大声的呼叫："爸爸，快来！飞蛾——鸟一样大的飞蛾！好多好多！"

我跑去一看，只见保罗光着身子，拿着刚脱下的睡衣"噼里啪啦"地扑打飞蛾，并试图抓住它们。

我马上认出了蛾的种类，是欧洲最大的飞蛾——大孔雀蛾。

它与日本的半目大蚕蛾不同，翅膀栗色带深棕色的底色中，镶嵌着孔雀羽毛般鲜艳的瞳孔状花纹。房间里飞来的都是清一色的雄蛾，雄蛾的触角很大，很容易与雌蛾区分开来。

"别怕，保罗。穿上睡衣，跟爸爸来。我们一起去趟实验室。"

我们两人拿着蜡烛赶往实验室。在去往实验室的途中，家中已经到处都是飞蛾了。

其实，当时在实验室的一个金属网笼里，正好关着一只刚羽化的雌性大孔雀蛾。

眼前的场面真是壮观。

在关着雌性大孔雀蛾的笼子周围，飞舞着好多蝙蝠一样大的雄蛾。它们像要扑灭烛火似的，"呼啦啦"地四处乱飞，几乎快要撞到我们的脸了。这些雄蛾都是从窗外飞进来的。

平时，这种蛾难得一见。这么多飞蛾，到底是从哪里飞来的呢？一定是从很远的地方聚集到这里的。

之后的一周，为了破解这一谜团，我做了很多实验。

大孔雀蛾② **雌蛾和雄蛾的使命**

大孔雀蛾的寿命极短。尤其是雄蛾，只要被关上一晚，就会变得虚弱无比。

而且这种飞蛾竟然没有嘴巴，所以它们一旦羽化，就无法进食了。

普通的蛾或蝶，都是用吸管状的口器吸食花蜜，获取营养的。

但大孔雀蛾一旦羽化，就不会再进食。原因正如我刚才所说，它们没有嘴巴。

大孔雀蛾在幼虫时期会大量食用梅树、杏树的树叶，积蓄能量后起飞，寻找雌蛾交配。换言之，它的生命就像一次性电池一样。

雄蛾羽化后，会在两三天内拼命寻找雌蛾的踪迹。雄蛾的工作仅此而已，而雌蛾的工作也只是交尾产卵。无论是雌蛾还是雄蛾，它们在幼虫阶段的唯一工作就是进食。

这么多的大孔雀蛾闯入实验室，是在一个月黑风高的夜晚。它们到底是凭借什么线索找到我家的呢？我百思不得其解。

飞来的大孔雀蛾有 40 只之多，都是清一色的雄蛾，它们的目的就是向今天早上刚刚羽化的雌蛾"求婚"吧。

人类是通过用眼睛看、耳朵听、鼻子闻和手触摸来寻找东西的。

在这样一个漆黑的夜晚，想要靠眼睛从远处看到一只被关在房间里的雌蛾——而且这个房间还建造于草木繁茂的院子之中——简直是天方夜谭。

如果不是靠眼睛，那就是用耳朵听到的喽？难道雌蛾是用一种人耳无法听到的特殊声音召唤雄蛾的吗？

还是气味呢？

雌性大孔雀蛾和雄性大孔雀蛾最明显的区别，在于它们的触角。

好吧，那我就从触角着手，做些实验吧。

您好吗？

我没有嘴巴，无法进食。

咻

比如，天蛾长着吸管一样的嘴巴。

在幼虫时期积蓄能量。

像充电一样。

啪嗒 啪嗒

慢慢蠕动

大孔雀蛾（雄蛾）

欧洲体型最大的飞蛾。翅膀质地类似天鹅绒，长着瞳孔般的花纹。

嫁给我 嫁给我 嫁给我 嫁给我 嫁给我

和我结婚吧！

等一下……

嫁给我

我太受欢迎了！

哎呀

我会让你幸福的！

雄蛾是怎么找到雌蛾的？

看来我要研究一下雄蛾的大触角。

大孔雀蛾③ 寻找雌蛾的线索

在大量飞蛾造访我家的第二天，我就开始了关于飞蛾触角的实验。

我用剪刀剪掉了留在家中的 8 只雄蛾的触角，它们看起来并没有感到疼痛。

这 8 只飞蛾，有 6 只是从窗口飞进来的，还有 2 只快断气了。那些来过我家的雄蛾，今天晚上还会不会再来呢？

为避免雄蛾通过视觉记住雌蛾的位置，我故意把装有雌蛾的金属网笼移到了距离原先位置 50 米远的地方，以迷惑它们。

当天夜里，移过位置后的雌蛾处，飞来了 25 只雄蛾，其中只有 1 只雄蛾没有触角。

也就是说，被剪去触角并飞出去的 8 只飞蛾，只有 1 只飞回来了。果然，当飞蛾没有了触角，就会迷路吧。

第二天，我剪去了前一天晚上新来的 24 只雄蛾的触角。然后把窗户全部敞开，让它们随时飞走。

之后我又把装雌蛾的笼子换了地方。

在被剪去触角的 24 只雄蛾中，只有 16 只精神饱满地飞到了外面，剩下的几只都死亡了。

当天夜里虽然又飞来了 7 只雄蛾，但它们全是新来的。也就是说，被剪去触角、飞离我家的雄蛾，没有一只再次回来。

果然对于飞蛾而言，有没有触角这件事非常重要。但仅是如此，还是没让我弄明白雄蛾触角的作用。

装在金属网笼里的雌蛾最终在第 9 天香消玉殒。在它存活期间，飞来的雄蛾数量众多，总计达 150 只。

雄蛾到底是根据什么找到雌蛾的呢？是声音、光线、气味，还是什么其他物质？

我决定用其他的方法继续我的实验。

大孔雀蛾光临我家的夜晚

有将近40只雄蛾飞到实验室中刚刚羽化的雌蛾那里。

第二天……

雄蛾是根据什么线索找到雌蛾的呢？莫非秘密藏在触角里？

实验第一天

咔嚓！

剪掉8只雄蛾的触角。

×8

当天夜里

飞来了25只雄蛾

没有触角的只有1只！

没有触角，会迷路吗？

实验第二天

咔嚓！

剪掉了24只雄蛾的触角

×24

当天夜里

飞来了7只雄蛾

全都长有触角！被剪去触角的雄蛾一只也没有回来。

看来对于飞蛾来说，有没有触角非常重要。

8天里飞来的雄蛾共有150只！

哟哟哟

我实在太有魅力了！

声音、光线、气味……雄蛾到底是根据什么找到雌蛾的呢？我还需要再做些实验。

仅是如此，我还是没搞清楚触角的作用。

这样
这样

大孔雀蛾④ 气味实验

触角实验过后两年，我终于成功培育出了许多雌性大孔雀蛾。每天晚上，它们都会引来不少雄蛾。10只，20只，或者更多。

笼中的雌蛾一动不动，外面的雄蛾却热闹非凡。

每天晚上，我都会移动笼子的位置，可雄蛾们还是马上就能发现雌蛾所在的位置。到底是声音、光线还是气味？它们一定是根据某种线索找到雌蛾的。

但我闻不到什么特殊的气味，也听不到什么特别的声音。看来人的鼻子和耳朵是察觉不到的。

雌蛾可能是通过某种人类无法感知的物质来吸引雄蛾……我这么想着。

"把雌蛾关进密封的容器里试试吧！"

于是我把它们分别装进白铁皮、木材、硬纸板、玻璃制的盒子中，又用熔化的蜡密封上。

这样一来，空气不流通，就什么气味也漏不出来了吧。

就这样，我把雌蛾放入了完全密封的几个盒子里，结果一只雄蛾也没有来。

相反地，如果把雌蛾放在空气稍有流通的地方，比如抽屉或工具箱中，还是会引来雄蛾。

一天夜晚，我把雌蛾装进衣柜最深处的帽盒中，结果出现了好多雄蛾撞向衣柜。雄蛾对雌蛾就在衣柜门后面的事实了如指掌。果然，雌蛾释放着某种不为人知的物质。

这一年，由于雌蛾全部死亡，所以我中止了实验。

等到下一年我再做实验的时候，已经是第4个年头了。我不想再用大孔雀蛾来做实验了，因为观察夜间活动的飞蛾难度太大。

我决定选一些白天活动的飞蛾来做下一次实验。

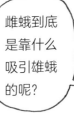

真把自己当明星了!

我说过吧,我就是魅力女王!

嘻嘻

聚集到我的身边吧!溯溯!

到底为什么呢?

雌蛾到底是靠什么吸引雄蛾的呢?

声音还是光线……

好像都不是,应该还是气味。

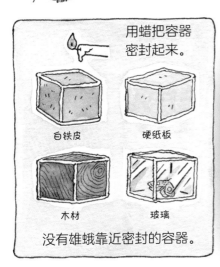

用蜡把容器密封起来。

白铁皮

硬纸板

木材

玻璃

没有雄蛾靠近密封的容器。

但是,只要漏出一点儿"气味"……雄蛾就会不断地飞来。

在这里! 在这里!

雌蛾在这里!

在的!

就在这里!

接下来得用其他的飞蛾来做实验……

雌蛾释放出一种不为人知的物质来吸引雄蛾。

不可思议

大孔雀蛾

大孔雀蛾⑤ **桦珠天蚕蛾**

"还是研究白天活动的飞蛾比较方便……"

正这么想的时候，我偶然得到了一个漂亮的桦珠天蚕蛾的白色蛾茧。

"如果破茧而出的是一只雌蛾就好了……"结果，正如我所期待的，从蛾茧中孵化出一只雌蛾。

"太好了，一定会有雄蛾飞来的。"

我事先与儿子保罗打了招呼：

"这次又会有很多雄蛾来我们家哦，就像之前那只大孔雀蛾在的时候一样。"

此后的一周，雄蛾并没有什么动静，我开始担心起来。

一天中午 12 点左右，大家正围坐在餐桌前准备用餐，保罗姗姗来迟，他满脸通红，手里正拿着一只桦珠天蚕蛾。

保罗看着我，像是在问："爸爸，你等的是不是这种飞蛾？"

我立刻回答说："对呀，我就是在等这种蛾！快，把它放到餐巾纸上。我们去实验室，午饭待会儿再吃。"

全家人来到了实验室，刚好看见好几只黄色、橙色相间的美丽飞蛾从窗口飘进屋里。

这一星期，法国南部特有的西北风"密史脱拉风*"一直吹着，这些雄蛾就是从西北方飞过来的。

我总觉得它们是乘着西北风过来的。

这下可把我弄糊涂了。如果雄蛾们是循着雌蛾释放出来的"通信物质"或"气味"飞来的话，那应该是从下风向飞来才对。但这群雄蛾却是从上风向的西北方飞来的，这不是很奇怪吗？

难道世上还有可以逆风传送的"气味"吗？

看来，如果我不继续做些实验，是无法知晓真相的。

---

* mistral，法国南部从北沿着罗讷河谷吹的一种干冷强风。

桦珠天蚕蛾 比大孔雀蛾小得多，通常在白天活动。

枯叶蛾① **强烈气味实验**

雄蛾到底是根据什么线索找到雌蛾的藏身之所的？

自从家里飞来了一大群大孔雀蛾之后，一连几年，我都在思考这个问题。

有一天，我又得到了另一种飞蛾，是体型中等、外表酷似枯叶的枯叶蛾。

"老师，这个你要吗？"附近农家的孩子拿着一个蛾茧跑来问我。事情就这么凑巧，从这枚茧中出来了一只雌蛾。

"太好了，可以拿它来做新的实验了！"

我这么想着，把雌蛾装进了笼子。

大约在第三天的下午3点，飞来了一大群雄蛾，与我料想的完全一样。

这些雄蛾的总数多达60只，它们有的在装有雌蛾的笼子周围飞来飞去，有的干脆直接停在上面有3个小时。可一到傍晚，它们都不见了踪影。

于是，我重新做了一遍当年用大孔雀蛾做的实验。

结果发现，无论我把装雌蛾的笼子藏到哪里，总会有雄蛾如期而至。但是，如果我将装有雌蛾的容器密封起来，就没有雄蛾来了；可只要留出一丁点儿缝隙，就又会引来雄蛾。

果真是因为雌蛾会释放出某种类似气味的"通信物质"吗？

所以这次我在雌蛾的笼子旁边放了很多气味强烈的物质，试图掩盖雌蛾身上散发出来的气味。

首先，我在雌蛾的笼子周围放了12个瓶子，并分别在这些瓶子里放入樟脑、香水、石油、硫黄等气味浓烈的东西。

这下整个屋子怪味扑鼻，我都快受不了了。为了保险起见，我还用厚布将雌蛾的笼子罩住，以防雄蛾看见。

即便如此，我还是未能阻止雄蛾们的到来。让雄蛾找到雌蛾的线索，果真是气味吗？

不管怎么看，都是一片枯叶的样子。

你好！

真会伪装！

翅膀收拢起来，很像枯叶。

枯叶蛾

你身上的颜色太美了！

雄蛾

你也很美！

雌蛾

枯叶蛾通常在白天活动。雌蛾不太喜动，会在夜间产卵。

即便如此，还是吸引了不少雄蛾。

这气味做过头了。

我在装有雌蛾的笼子周围，摆满了气味强烈的物质。

雌蛾释放的"通信物质"果然是气味吗？

气味好浓啊……

到底是什么呢？

枯叶蛾

枯叶蛾② 吸引雄蛾的物质

难道雄蛾不是循着雌蛾的气味飞来的？当我开始这样怀疑的时候，一件偶然发生的小事启发了我。

我把雌蛾放在树枝上，再把这根树枝放进玻璃罐里，然后把玻璃罐放到窗前。

如果有雄蛾经过，应该会马上发现它的。快看，雄蛾已经来了！

可是，从窗口飞进来的雄蛾，却都从玻璃罐上一飞而过。奇怪，明明雌蛾就在玻璃罐中啊。

接着，这些雄蛾直接向房间的黑暗角落飞去。

那里有什么呢？从昨晚到前一刻为止，那只装过雌蛾的铁丝笼子一直放在那里。

雄蛾们拍打着翅膀，在空荡荡的笼子周围来回飞舞，寻找着雌蛾。如果它们是靠眼睛来搜索的，断然不会做出这样的傻事。

"果然还是雌蛾的气味！雄蛾就是以雌蛾的某种发散物为线索的。"

我终于明白了。

下一步，我仍然把放在小树枝上的雌蛾放进玻璃罐，让小树枝沾染上雌蛾的发散物。

然后，我取出小树枝，放在窗边的椅子上。

至于雌蛾，它依旧被装在玻璃罐中，置于桌子上明显可见的位置。

从窗口飞进来的雄蛾稍稍迟疑了一下，就飞到小树枝旁，一边拍打翅膀一边查看树枝。

我还用布把雌蛾包裹起来，再把包过雌蛾的布放在一边，结果雄蛾被布吸引了过来。

由此我们可以清楚地知道，雄蛾是被雌蛾身上分泌出来的物质吸引过来的。

现在，我们把这种分泌出来的物质叫作"费洛蒙*"。其实，雄蛾只是到处胡乱飞舞，碰巧来到雌蛾附近时，察觉到了雌蛾的费洛蒙，才最终找到了雌蛾所在的位置。

---

* 即信息素，昆虫会分泌信息素来传达包括聚集、觅食、交配、警戒等信息。此处雌性枯叶蛾分泌的是性信息素，它可调控雌雄蛾间的吸引行为，作用距离远，诱惑力强。

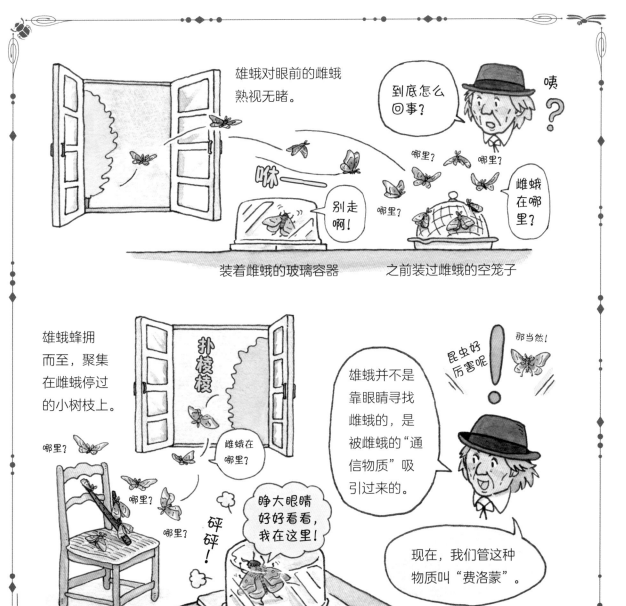

枯叶蛾

让-亨利·卡西米尔·法布尔
Jean-Henri Casimir Fabre
1823 — 1915

在法布尔老师的实验室里，除标本和一些实验器材之外，还有一张他深爱的小书桌。直至晚年，法布尔都在这张书桌前写作，最终完成了《昆虫记》。

老年法布尔

《昆虫记》手稿

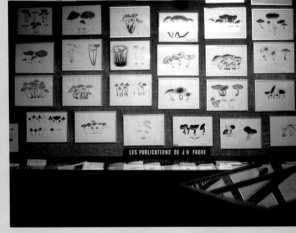

法布尔手绘的真菌图

书桌上的标本

法布尔的书桌

大孔雀蛾的
饲养设备

各种实验器材

壁炉和标本柜

大孔雀蛾（雄蛾）的触角
状似羽毛的大触角

大孔雀蛾（雌蛾）的触角

大孔雀蛾（雄蛾）
➡ P72 大孔雀蛾

桦珠天蚕蛾（雌蛾）
➡ P80 大孔雀蛾

桦珠天蚕蛾（雄蛾）
➡ P80 大孔雀蛾

大孔雀蛾的蛹

大孔雀蛾（雌蛾）
→ P72 大孔雀蛾

大孔雀蛾的茧

欧亚栎枯叶蛾（雌蛾）
→ P82 枯叶蛾

欧亚栎枯叶蛾（雄蛾）
→ P82 枯叶蛾

豆象① 吃豆子的甲虫

给大家介绍一种名叫"豆象"的甲虫。

全世界的豆象多达 1400 种以上。其中潜入农田、仓库等处，偷食人类食用豆科作物的豆象有 20 种左右。

人们把这种偷吃人类辛苦栽种的豆类的昆虫叫作"害虫"，因为它们对人类的生活产生了不利的影响。

为了研究豆象，我特意在荒石园的院子里撒下了许多豌豆种子。

5 月中旬，豌豆开花了，引来了不少豌豆象。整个冬天，它们应该一直躲在树皮底下过冬。那它们是怎么嗅到豌豆花的气味的？

豌豆象爬到豌豆花上，或吸食花粉，或进行交配。到了 5 月末，豌豆花结果，结出了豆荚，雌豌豆象便开始在豆荚上产卵。它从尾部前端伸出产卵管，像是刺入豆荚一般，产下虫卵。

产卵后 10 天左右，从卵中孵化出来的幼虫便会钻进豆荚中。

在一个豆荚中，豆象幼虫的数量要远远超过豆荚中豆子的数量。

要不了多久，幼虫会在豆子上开个小孔，再钻进去。幼虫钻入豆种后，会在浅绿色的豆子表面留下明显的褐色小点，痕迹一看便知。

不过，我观察钻入了幼虫的豆种后发现，被它们吃掉的只是豆种的上半部分。

豆种下方有个类似肚脐的地方，那里可是影响种子成长的重要部位，幼虫们似乎都刻意避免啃食那里。难道幼虫们也知道，如果把那里啃掉豆子就会死去？

所以，即使豆种被豌豆象幼虫吃空了，撒在田里依然可以生根发芽。

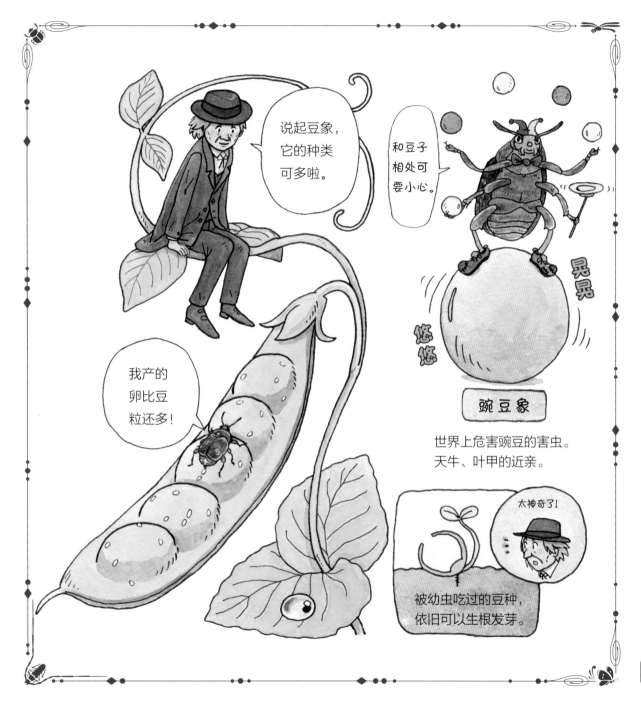

世界上危害豌豆的害虫。
天牛、叶甲的近亲。

豆象② 一颗豆子一只幼虫

豌豆象的幼虫钻入豌豆后，会吃掉豆子的子叶部分。这个部位为豌豆芽的生长发育提供养分，对幼虫而言，应该非常美味。

不过我在前面提过，雌豆象产下的虫卵数量远比豆荚中的豆子要多，而实际钻入一颗豆子中的幼虫数量，大约是五六只，当然也有可能超过这个数。

从5月底到6月间，我摘了一些尚未成熟、豆质较嫩的豌豆来查看。

我剥去了豆荚外皮，将豆种的子叶部分取下切碎，这时发现里面跑出来好几只非常小的幼虫。

幼虫吃了豆子后便会生长。不过，我还是有一个小小的疑惑。

因为，最终从每颗豆子中跑出来的成虫只有一只。

一颗豆子中原本有好多只幼虫，而最终能长为成虫的却只有一只，那其他的幼虫去哪儿了呢？

我决定每天去田里取一粒豆子当作样品，切开来看看。

最初我并没有什么发现，只是看到小小的幼虫们躲在各自咬开的小洞内啃食。

可是，位于豆子中心的那只幼虫却突然迅速长大，生长速度一下超过了其他幼虫。于是几乎在它疯长的同一时间，其他的幼虫全部停止了进食。

就这样，这些幼虫像在竞争中认输了一样，变得一动不动，没多久就消失了。

与此同时，留在正中央的那只幼虫继续啃食，变得越来越大。

豆象幼虫的兄弟姐妹之间会"比赛"谁先吃到豆子的正中央，一旦某只幼虫抵达位于中心部位的终点，其他幼虫就会立刻放弃"比赛"，主动步入死亡……

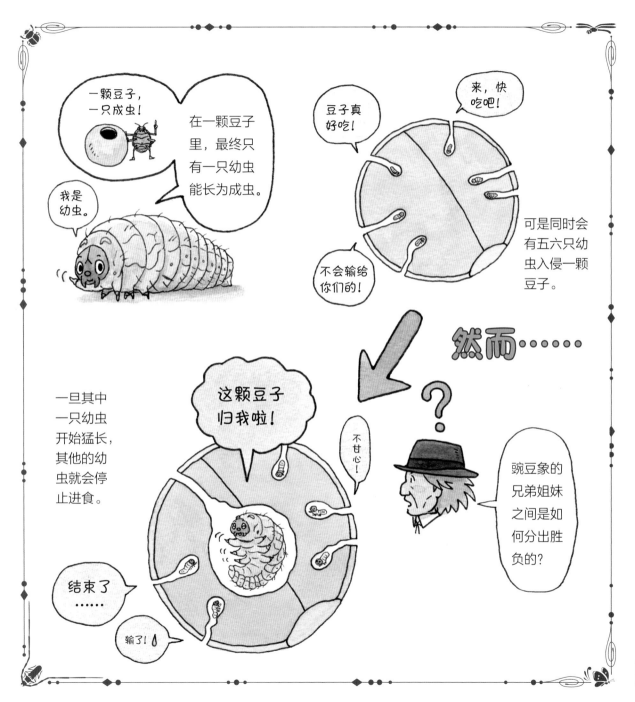

日本的豆象

日本也有豆象。日本昆虫学家梅谷献二曾就豆象的生存竞争做过有趣的研究，研究成果被编入《豆象生物学：害虫的轨迹》一书中。

梅谷先生的研究对象是以红豆为食的鹰嘴豆象。有一天他突发奇想，把豆象吃过的红豆拿来煮，煮软后再切成薄片。

日本的红豆包的豆馅，就是把红豆煮熟后加入红糖做成的，所以他想到煮红豆也是非常自然的。

如果直接把干燥发硬的红豆拿来切，就会碎裂。为了把红豆切成薄片，事先煮一下不失为一个好办法。

然后，梅谷先生把红豆的切片放在显微镜下观察，你猜他看到了什么？

这画面真够血腥的。豆子里仅剩一只幼虫，在它所住"房间的墙壁"上，粘附着粪便以及吃剩的食物残渣。当他把切片在水中泡开后，又着实吓了一跳。因为不断有幼虫的尸体漂出来，而且这些尸体上还咬痕累累。

这一迹象表明，豆象幼虫在长到一定程度后，兄弟姐妹间会相互撕咬搏杀，展开"淘汰赛"。

这就像人类社会中会因为食物不足引发纷争，兄弟姐妹之间也可能会为了利益发生争斗。

吓人的话题就此打住。

到了7月，豌豆象的幼虫发育完全后，会在种子内壁上画一个圆，然后沿着这个圆，凿出一圈浅沟。这一圈浅沟薄到再多咬一口，就会像井盖一样打开。要啃到这种程度，幼虫才会收手，然后开始化蛹。

不久，当它从蛹中羽化后，就会从内部推开之前挖好的圆盖，来到外面。所以如果它不事先挖好沟槽，做好准备，就出不来了。准备工作周密至此，真是令人佩服啊！

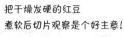

把干燥发硬的红豆
煮软后切片观察是个好主意！

切成薄片！

真是残酷啊！

红豆中的幼虫们为了
仅有的食物，展开了
殊死搏斗。

来啊！

服不服！

来啊！

住手！

看我的！

顽强健壮
地活下去！

生命是残酷的战斗！

鹰嘴豆象

让我们继续观察豌豆象。

在成蛹之前
做好充分准备。

哎呀哎

等到羽化后，
一推就能出
去啦。

飞
飞

一颗豆子里面，
上演了无数的故事。

咣当！

做虫子也是很
辛苦的！

幸存
下来
真是
不容易！

豆象

你知道四季豆吗？就是豆荚细细长长的那种豆科植物，通常人们会把它煮着吃，但我觉得把豆荚烫熟后做成沙拉特别好吃。我年轻的时候没什么钱，经常这样吃，因为它价格便宜。

在法国，很长一段时间里这种豆科植物都不长害虫。然而，不知从什么时候起，出现了一种会吃四季豆的豆象。

我的一个朋友拿着满是虫洞的四季豆，跟我说：

"最近，这种害虫越来越多，大家都很头疼呢！"

于是，我想尽快饲养一批这种害虫——菜豆象。我的院子里刚好就种着四季豆。

我试着把朋友给我的满是虫洞的四季豆撒在田里。

我想，雌菜豆象应该会马上爬到田里的其他豆子上产卵。

可是，事实并非如此。这些四季豆里的菜豆象不知飞到哪里去了。

"咦，真是怪了……"

我等了一个星期，也没见它们回来。我又在田里放了好几次菜豆象，结果还是一样。

于是，我把结了四季豆的藤蔓连同菜豆象，一起放进了玻璃瓶里。

大家猜猜，之后发生了什么？

菜豆象既没在豆藤上产卵，也没在豆荚上产卵，而是把卵产在了玻璃瓶瓶壁上。

卵中孵化出幼虫后，我给了它们一些新鲜的豆子。可是，小幼虫们只是到处转悠，根本不吃豆子，最后都饿死了。

我这才发觉，也许菜豆象并不吃新鲜的四季豆，而要吃完全成熟、干燥的豆子。

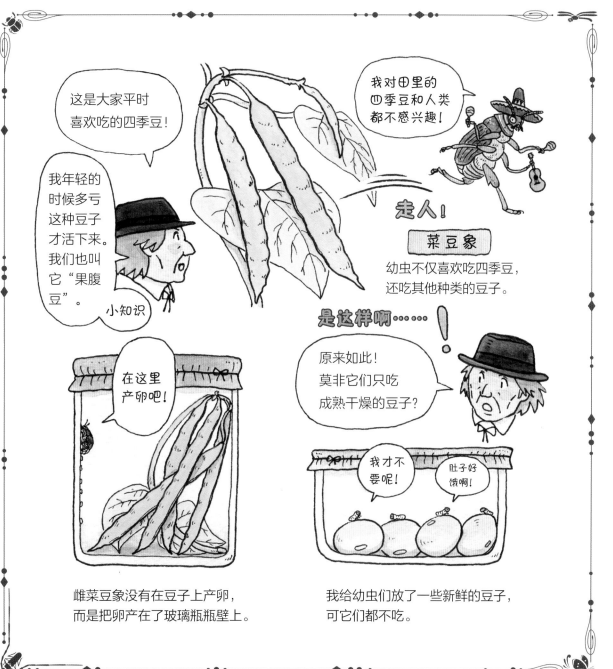

豆象⑤ 喜欢干燥的豆子

"原来菜豆象与豌豆象不同，它们并不吃新鲜的豆子！"

注意到这点后，我在玻璃瓶里放了些已经存放很久的硬邦邦的豆子。

果然如我所料，从卵中孵化出来的幼虫开始一点点啃食这些豆子，最后还钻进了豆子里。

人们通常会食用四季豆的整个豆荚。或者在豆荚长大成熟后，放在田里让它变干变硬，之后再摊在席子上用棒子敲打，让豆荚崩裂，取出豆子。

菜豆象就是在这种豆荚中的干豆子上产卵的。

人们不知道这些豆子已遭虫害，就放心地将它们保存在仓库里——可没想到，这些本以为谁都拿不走的四季豆，已经被菜豆象的幼虫一口一口地吞下了肚。

一颗豆子，有时能养活20只菜豆象幼虫呢。

这样父传子、子传孙，一年下来能繁衍出好几代了。

我做过实验，一只豆象可以产下80粒虫卵，其中一半为雌虫，这些雌虫每只又能产下80粒虫卵。大家算一算，如果一年内繁衍4代，到了年底会有多少只豆象呢？我会在下一篇揭晓答案。

无论储存四季豆的仓库有多大，只要里面躲入了几只菜豆象，几年内仓库里储存的所有豆子都将尽数报废。

而且最麻烦的是，菜豆象几乎什么豆类都吃。无论是豌豆、蚕豆、红豆还是大豆，皆是来者不拒。

只要物体的表面坚硬光滑，雌豆象就可以在上面产卵，连玻璃球上都可以，真是让我目瞪口呆。

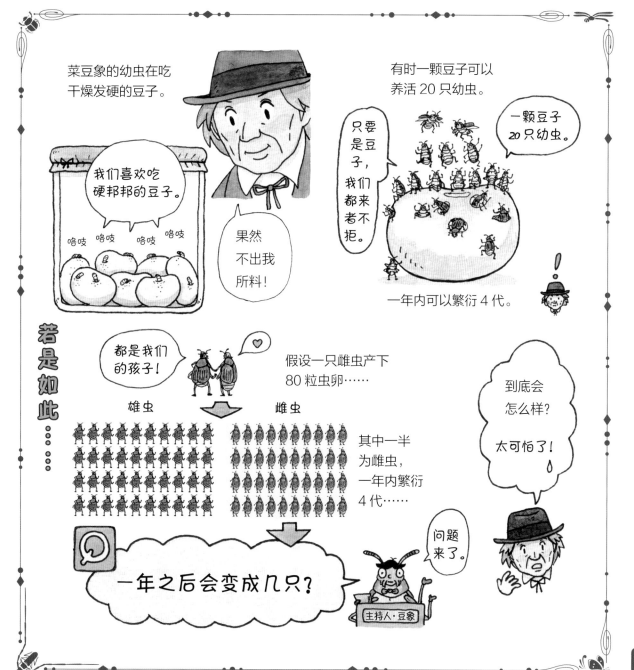

豆象⑥ **来自境外的豆象**

我在上一篇中提出的问题，大家都算出来了吗？假设菜豆象在一年内繁衍4代，那到了年底一共会有多少只呢？

如果一只雌虫可以产80粒卵，其中一半的卵孵出来的是雌虫，那么这些雌虫又可以各自产下80粒卵。所以第二代可以生出40×80，即3200只豆象。

如果其中的一半1600只是雌虫，那么将会生出1600×80，即128,000只豆象。而将其中的一半64,000只再乘上80，就会得到5,120,000只。一年之内，总共产下的豆象竟然超过500万只！

当然，每一代都会有虫子病死或遭遇天敌，最终未必会有500万只。但只要仓库里藏有一只雌豆象，豆子就会被啃食得遍体鳞伤，最后化为一堆粉末。

因此储藏大量进口豆类的港口仓库，必须经过严格的检查，以防虫害。

为了防止豆类及其他谷物发霉或遭受虫害，人们也会进行消毒。但有时消毒药剂的药性过强，会危害到食用豆类的人类，所以必须多加小心。

四季豆原产于墨西哥，由发现美洲大陆的西班牙人带回欧洲。刚引进入法国时，四季豆并未遭到虫害。

不久，豆象也来到法国，随之仓库中的豆类开始遭到啃食。

那时，法国并不存在这种外来昆虫的天敌。所以虫子到来时，它们就像到了可以大吃特吃的天堂，数量一下子暴增。

昆虫的繁殖能力很强，一旦数量激增，后果不堪设想，甚至可能发生农作物尽毁的情况。

一年繁衍4代，新老交替……

第一代 1（一只雌虫）×80（产下80粒卵）= 80（幼虫）

第二代 80（幼虫数量）÷2（一半是雌虫）×80（产下80粒卵）= 3,200（幼虫）

第三代 3200（幼虫数量）÷2（一半是雌虫）×80（产下80粒卵）= 128,000（幼虫）

第四代 128,000（幼虫数量）÷2（一半是雌虫）×80（产下80粒卵）= 5,120,000（幼虫）

一年过后，共产生 **512万** 只豆象！

我们来回答上次的问题！

不愧是法布尔老师！不仅是昆虫学家，还可以当数学和物理老师了！

这里不欢迎虫子，只要豆子！

让我们进去！

一旦让境外的害虫进入了仓库，后果将不堪设想。

我们要吃四季豆！

这次的问题都出在菜豆象身上。

大蝼步甲① 沙滩上的甲虫

大家在夏天去过海边游泳吗？漫步在海边的沙滩上，会发现各种被海浪冲上岸的东西，如海藻、碎木片等。现在，还有很多塑料垃圾。

捡起这些垃圾，有时会从底下爬出来一些黑色甲虫。因为它们藏在垃圾下面，所以被称作"垃圾虫"。若是仔细观察，你会发现它们不只是黑色的，还有一些泛着彩虹光泽（就像油滴在积水中的颜色）、长着漂亮黄色纹路的种类。

若是走运，还能在这些垃圾虫中看到一种体形较大的厉害角色——大蝼步甲。

这种甲虫全身像涂了黑漆一般黝黑光亮，腰腹间则是一下收紧，周身非常漂亮。若是用手去抓它，它会猛地撑开大牙一般的大颚，昂起头来，摆出一副"有胆你过来"的架势。

凭借这对强有力的大颚，马上可以判定它是肉食性甲虫。通常，只要观察一下昆虫的口器，就能大致判断出它们的食性。

也许有人会问："可是，锹甲不是肉食性昆虫，为什么也长着一对神气的大颚呢？"

雄性锹甲的大颚一来是为了在雌性锹甲面前展示，获取青睐；二来是为了与其他雄性锹甲打斗。

顺便提一句，雌性锹甲的大颚虽然比较小，却非常锋利，产卵时可以在树上挖洞。雌性锹甲的大颚算得上一件工具，可雄性锹甲的大颚多半只是装饰而已。

大蝼步甲的腰部收得很细，所以在日本，它还被叫作"大葫芦步甲"。

想抓住大蝼步甲，除了翻看垃圾，还有更好的方法，就是在沙滩上追寻它爬行的痕迹。跟着这种颇有特点的脚印，就能在沙滩的洞穴中找到它们。欲知详情，且听下回分解。

本大王的大颚可比锹甲锋利多了!

沙滩上有各种步甲,你是其中最漂亮的。

我的小蛮腰惊人吧!

和收腰的葫芦一模一样。

◀细腰

大蝼步甲

栖息在海岸边,以捕食其他昆虫为生。
腰部收细,全身黑亮。

肉食性昆虫的大颚不愧是杀手锏!

真是个可怕的家伙!

敢不敢来比试一下?

你的大颚不过是装饰而已!

咔嚓咔嚓

呵呵呵

什么?!

太漂亮了!

我的大颚帅气吧!

锹甲

大蝼步甲② 会装死的甲虫

跟大家讲讲我第一次发现大蝼步甲的情形吧。

那天，我正在地中海沿岸一个名叫"赛特"的海边小镇的沙滩上散步。突然，沙滩上两排神秘的脚印引起了我的注意。看起来像是海边的常客鸻（héng）鸟或寄居蟹留下的。

我试着用小木片从那串脚印中断的地方往下挖，"有了！有了！"我很快发现了一种特别厉害的虫子。它昂着头，挺着胸，好像要上来咬我似的。

"哇！是大蝼步甲！"

我寻觅它已久，一直只在图鉴上见到，从没有亲手抓到过。

我抓了它放在沙滩上，用手指捏着，让它在沙子上走几步。它爬过的痕迹和刚见到的痕迹一样。很明显，它就是神秘脚印的主人。

大蝼步甲是夜行性昆虫，它们晚上在沙滩上行走捕食，白天则躲在沙子里。

对了，这种虫子一旦受到外界刺激，就会装死呢。

我轻轻戳了下大蝼步甲，把它的肚子朝天放在沙滩上，它马上缩起脚来一动不动，就像死了一样。光看图鉴是无法了解这种情况的，要亲手捉到活的虫子才会发现。

大家见过装死的虫子吗？比方说，你在叶子上发现了一只虫子，正想伸手去捉，可虫子这时把脚一缩，顺势从叶子上滑落了下去。一旦掉到草丛里，就再也找不到它了。

为了逃避鸟类等天敌的捕食，这其实是一种很好的方法。人们把这种方法称为"假死"。

不过，大蝼步甲这么强悍的昆虫也要装死，是有什么目的呢？

还有，虫子到底知道不知道"死亡"意味着什么？

这是法布尔老师年轻时，到法国海边小镇"赛特"观察植物时发生的事……

这些痕迹到底是什么？是鸻鸟、海鸥还是寄居蟹留下的？

沙滩上留下了锁链状的脚印。

哗哗—

原来是你留下的……真漂亮！

放开我！

抓来一看，竟然是自己寻觅已久的甲虫——大蝼步甲。

捅

啪嗒

用树枝一戳，它就会装死。

扑通倒地。

小虫子姑且不论，强悍的大蝼步甲为什么要装死呢？

大蝼步甲

从第一次见到大蝼步甲之后，几十年过去了。有一天，我做了一个决定："对了，用那虫子来做研究吧。"

于是我拜托住在海边的朋友，给我寄来了12只大蝼步甲。

在朋友寄给我的盒子里，不仅装了12只活的大蝼步甲，还有几只性情温顺的二星拟步甲。于是，可怕的事情发生了——几只二星拟步甲被大蝼步甲残忍地吃掉了。

我决定把大蝼步甲饲养在玻璃容器中。

玻璃容器里铺着厚厚的沙子，虫子一进到里面，就开始往斜下方挖通道。挖到容器底部后，又往旁边横着挖了一段，这才大功告成。挖完通道的大蝼步甲静静地待在容器底部，等待猎物。

时值夏天，实验室窗前的法国梧桐树上，蝉鸣嘈杂。

"来得正好！"

我用捕虫网抓了一只蝉，把它扔进饲养大蝼步甲的容器里，然后盖上了盖子。

蝉发出的"窸窸窣窣"的声音，立刻惊醒了躺在容器底部打瞌睡的大蝼步甲，它们颤动起口器两边的触角。

大蝼步甲慢吞吞地顺着斜斜的通道爬上来，向外张望。一发现蝉的身影，它就从通道里跳了出来。

它在沙面上飞驰，伸出大颚紧紧钳住了蝉，接着用锋利的大颚刺穿了猎物的身体。

就这样，大蝼步甲杀死了蝉，把它拖入通道。

在蝉断气后，大蝼步甲还爬到通道顶部，封住了洞口。这样它就不会受其他干扰，可以慢慢享用猎物了。

真不愧是肉食性昆虫啊。

在朋友寄过来的箱子里……

看起来很好吃哎。

快救救我！

老实巴交的二星拟步甲被袭击了。

大蝼步甲一进到玻璃瓶里，就开始挖洞筑巢了。

暂时休息一下！

刚刚把蝉放入玻璃瓶，大蝼步甲就睁开了双眼，发起攻击。

拖进窝里慢慢享用！

果然是个恐怖的家伙！

救救我！

大蝼步甲④ 关于"假死"的研究

我们已经搞清楚了大蝼步甲的狩猎方式，接下来要研究它的"假死"现象了。

要让这虫子静止不动很简单。只要用手指抓住它的胸部，往桌子上摔个两三次（这时千万注意不要被它锋利的大颚夹到），然后把它腹部朝天，放在那里就好。

这样大蝼步甲就会一动不动躺在那里了。

它会把6条腿收起来，触角一左一右地伸开，大颚张开，而后静静地躺着，一动不动。

大蝼步甲没有眼睑，所以不知道它是否在偷看我。总之，它就像死了一样。

我在旁边摆了一只钟表，用以计算它装死的时间。结果发现，即使是同一只甲虫，它在同一天的几小时内，装死的时长也大不相同。

有时它会装死超过一个小时。但一般情况下，20分钟左右就会醒来。

首先，它的足前端会慢慢颤动，接着触角和胡须也开始动，不久整条腿都动起来了。然后，它会利用紧收的腰部弯折身体，借助头部和背部的力量，把整个身体一下子翻转过来。接着，急急忙忙地迈开步子逃走。

我把这只甲虫重新抓回来，又让它从掌心滑落到桌子上。再度受惊的甲虫，马上又开始"装死"了。

它第二次静止不动的时间，比第一次装死的时间更长。每次它醒来恢复活动时，我就继续刺激它，第三次、第四次、第五次……它静止不动的时间一次比一次长。

不过第五次过后，虫子便不再"装死"了。就算再次被摔到桌面上，它也会一下子爬起来迅速逃跑。

是它意识到已经骗不了人，放弃了呢？还是它被我搞得腻烦了呢？

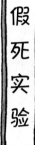

假死实验

让大蝼步甲静止不动很简单!

我来测下时间。

只要把它摔在桌面上,让它腹部朝天就行。

怎么回事……我已经死了?

第一次

有些大蝼步甲会装死超过一个小时,不过一般20分钟后就开始动了。

重复实验……

第二次 → 第三次 → 第四次 → 第五次

静止的时间越来越长。

身子一挺就起来了!

再继续实验,它就不再装死了。

这种实验要做多少遍?我受不了了!

怎么回事?被我搞烦了?

说不定，躺在桌子上的大蝼步甲正在偷偷观察我，伺机逃跑呢。若是如此，还是不要待在它旁边为好。

于是我躲在房间的角落里偷偷观察，不过它还是没有任何动静。

大蝼步甲的眼睛里有类似照相机广角镜头的圆弧面，不排除它能看到房间角落的可能性。

所以这次我干脆离开了房间，没有了欺骗人类的必要，它会很快爬起来逃跑吧。

我去院子里转了一圈。但是，等我转悠了40分钟再回来的时候，看到它依旧保持着先前的姿势，一动不动。

"看来它装死并不是为了欺骗人类。明明身边已经没有危险，却还要装死，表明还有其他原因。"

首先，这种虫子在沙滩上可是称王称霸的角色，应该没必要这般紧兮兮地装死。

难不成是怕被小鸟吃掉？

不对，这些家伙白天躲在沙洞里，而且大多口感苦涩，并非鸟类喜爱的食物。

如果它装死不动的时候，恰巧有敌人来了怎么办？

刚好，有苍蝇来了。

我住在乡下，附近有个牧场饲养了很多牛羊，牛羊的粪便会引来大量的苍蝇。当然，这些苍蝇会进入我的实验室中。

几只苍蝇聚集在一动不动的大蝼步甲嘴边，或许是觉得痒，大蝼步甲的足先"啪嗒啪嗒"地动了起来。

然后它一跃而起，急匆匆地爬来爬去，好像恢复了精神。

对于苍蝇这种微不足道的昆虫，大蝼步甲应该是这么想的："认真装死也没什么用，反正它对我构不成威胁，不如起来算了。"

躲起来，
偷偷观察
大蝼步甲。

也许，
它也在偷窥
我哩……

……

昆虫本就
没有眼睑，
我也不知
道它是否
睁着眼睛。

既然它不是为了欺
骗人类，难不成是
为了糊弄鸟类？

太苦了，
我才不吃
它呢！

?

40 分钟后
我回到屋
里时，它
还是一动
未动。

啊？
我没死
吗？

?

苍蝇停在嘴
边的时候，
它立刻醒了
过来。

啪咯

它是觉得没必要
对苍蝇这种小虫子
装死吗？

大蝼步甲⑥　外界刺激实验

如果遇上比苍蝇大得多的敌人，大蝼步甲会怎么做呢？如果还是采用装死的老套路来避险，它会一直保持静止不动吗？

我决定抓一只外观恐怖的大型甲虫来试一试。

这是一只外形强悍的栎黑天牛，在我家附近的杂木林里很常见。它不是肉食性昆虫，所以不会去攻击大蝼步甲。

栎黑天牛不会在海边出现，对于大蝼步甲而言，天牛是它第一次遇见的强敌。

我用稻草尖轻轻戳了一下栎黑天牛，它慢吞吞地踱起步来，然后径直踩到了正在"装死"的大蝼步甲身上。

大蝼步甲的足尖立刻有了反应，慢慢地颤动起来。

栎黑天牛在狭窄的容器里踱来踱去，一次又一次地踩到大蝼步甲。之前一动不动的大蝼步甲，终于开始起身逃跑。

强敌现身时，不是更应该装死吗？

难道它装死不是为了欺骗敌人？

接下来，我换了实验思路。我把大蝼步甲躺放在桌子上，然后用一块小石子轻轻敲打桌角。这只躺着装死的大蝼步甲，每感觉到一次桌子的震动，脚的前端都会颤动。

最后，我还研究了光线对它的影响。之前的实验都是在房间昏暗处进行的，这次我把一动不动的大蝼步甲放到了阳光充足的窗边，不想它立刻起身逃跑了。

我因此得出结论：大蝼步甲并不是为了欺骗对手而装死，而是它在受到外界刺激后，暂时失去了知觉。当感受到震动或光线刺激时，它就会再度醒来。

菜粉蝶① 蝴蝶的名字

一到春天，菜粉蝶就会在花间翩翩起舞，吸食花蜜。

大家知道蝴蝶的口器长什么样子吧？就像一根细细长长的吸管。

如果口器一直伸着就会妨碍飞行，所以蝴蝶在不用口器的时候要把它卷起来，就像收起吸尘器的电线一样，真的很巧妙呢。

如果人类需要吸食花蜜或树汁，或许嘴巴也会长成那样。

菜粉蝶会在花丛中聚集，那你可知道，它的幼虫长什么样子、待在哪里吗？

刚孵化的菜粉蝶幼虫很小，通体黄色、透明。它们躲在卷心菜、油菜等十字花科的植物上，大口大口地啃食菜叶，是农家最讨厌的昆虫，被认为是害虫。

古希腊学者亚里士多德在他的著作《动物志》中写道："叶片上的露珠，有时会化作昆虫。"

我猜想，他是不是把露珠和蝶卵看混了呢？说起来，它们两个还真的很像呢。现代人可能觉得可笑，可古时候的人们却对此深信不疑。

在法语中，蝴蝶这个词是"papillon"，它的语源是拉丁语"rhopalocera"。"papillon"这个词既有"蝴蝶"的意思，还有"旗帜随风飘舞"的意思。

在日语中，蝴蝶也有"翩翩起舞"的意思。看来蝴蝶的意象真的非常美丽呢。

菜粉蝶② **从卵到幼虫**

大家见过菜粉蝶在菜地里翩翩飞舞的样子吗？菜粉蝶飞到卷心菜周围绕一会儿，尾端就粘在菜叶上了。

它到底在干什么呢？

等菜粉蝶飞走后，如果凑近仔细一瞧，就会发现菜叶上粘了一个黄色的小颗粒。这就是菜粉蝶的卵。卵是细长的，透过放大镜看，像是塑料制的模型塔。

我研究的是比菜粉蝶体型更大、更为强壮的欧洲粉蝶，在法国很常见。

菜粉蝶是一粒一粒产卵的，而欧洲粉蝶却是一次产下一堆卵，每堆卵有200粒之多。

卵起初呈淡黄色，通过每天观察可以发现，颜色会逐渐变深。大约一个星期以后，卵会陆续孵化，孵化出来的幼虫有2—3毫米长。

刚孵化出来的幼虫会做什么呢？

它们竟然开始吃起自己的卵壳。

这么说来，蝴蝶的卵壳吃起来应该很像威化饼干，酥酥脆脆的，口感很好。卵壳由蛋白质构成，对幼虫来说易于消化，而且很有营养。

之后，幼虫终于开始吃卷心菜叶了。想想也是，幼虫的肠胃功能不够完善，很难通过消化质地较硬的植物来吸收营养。所以它才会先吃卵壳，再吃卷心菜。

与此同时，它还会以这些蛋白质为原料，做成丝线呢！

瞧，卷心菜的表面很光滑吧！可菜粉蝶的幼虫化蛹的时候不会从叶片上掉下来，原来它早就用丝线搭好可以踩踏的"脚手架"了。

欧洲粉蝶

生活在北非、欧洲和亚洲的喜马拉雅山脉一带。体型比菜粉蝶大，幼虫连卷心菜的硬梗也能啃下来。

一次可以产下约200粒卵哦。

真厉害！我是一粒一粒产卵的。

菜粉蝶

产在卷心菜叶上的大量卵粒

一周后孵化出的幼虫

放大

蛋白质很丰富呢！

咔哧 咔哧

幼虫出生后的第一顿美餐是自己的卵壳……

野生的卷心菜不是球状的，还很苦。

菜粉蝶

菜粉蝶③ **从幼虫到化蝶**

菜粉蝶的幼虫会大口啃食卷心菜叶，外侧的叶片被啃得只剩下叶梗，这样的卷心菜是卖不出去的，所以菜农们对它深恶痛绝。欧洲粉蝶更加厉害，吃起卷心菜来连叶梗也不剩。

刚从卵中孵化出来的幼虫，体长只有 2 毫米左右；经过 4 次蜕皮后，可以长到将近 3 厘米，是出生时的 15 倍左右。

这个时候的幼虫不再进食，开始到处晃悠。它想爬到哪里呢？如果在野外，它可以爬去很远的地方；可如果在饲养箱中，它就会放弃远行，直接找个合适的地方吐丝拉网。

接着它不断摇头晃脑，在身体的左右两侧拉起丝线，像是系上了安全带。

之后它就几乎不再移动位置。这个时候，幼虫体内开始发生巨大的变化。

第二天，当你发现它的身体开始微微颤动时，就是幼虫最后一次蜕皮了。

之后它的身体会逐渐化成蛹，模样与幼虫大相径庭。

化蛹好比是把菜青虫的身体重新融化，再塑一副躯体。想起当初幼虫的模样，这一过程简直是变魔术。

如果连身体都"融化"了，虫蛹应该是不能动弹的。可轻轻触碰，却能感觉到虫蛹微微的颤动。不知里面的筋骨成了什么样子呢？

化蛹后两周左右，透过蛹壳可以看到里面成虫翅膀上的花纹。菜粉蝶的翅膀颜色素净，而红色或蓝色的蝴蝶在羽化前一刻的虫蛹却异彩缤纷。

快看，蝴蝶快要从虫蛹的背部破茧而出了。不过这时，它的翅膀还未展开。

蝴蝶倒挂在树枝上，慢慢展开双翅。它会利用重力，把体液输送到翅膀的尖端。所以倒挂不到位的话，翅膀就无法展开。

等到翅膀变干，完全舒展开后，蝴蝶就能翩翩起舞了！

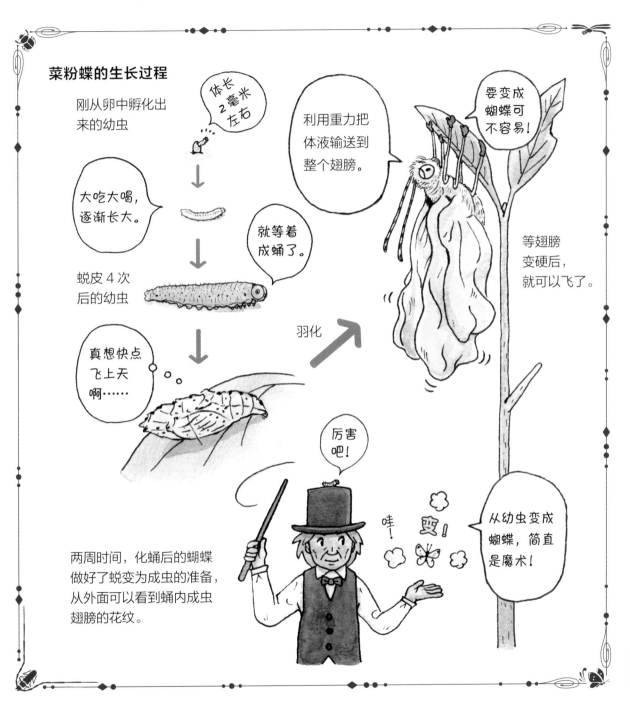

菜粉蝶④ **饲养蝴蝶**

在昆虫的世界里，既有蝴蝶、独角仙那样化蛹前后差异巨大的昆虫，也有蝗虫那样，若虫和成虫外形差异不大的昆虫。

大家对比过蝴蝶的幼虫和成虫吗？能说出成虫的某个部位是由幼虫的哪个部位转变而来的吗？

首先，让我们来仔细看看蝴蝶的头部。蝴蝶有一对大大的复眼，一对触角，还有像弹簧一般能快速卷曲的口器。这副长相看久了，真与机器人和外星人有几分相似呢。

接下来观察一下幼虫的头部。幼虫的复眼真的非常小呢。看着像复眼的部位，其实是头的一部分。

身体部分由你们自己来比较吧。

成虫有两对翅膀，而幼虫没有。那么脚的数量呢？大家可以自己饲养，绘成详图研究比对。

总之，蝴蝶的幼虫会变成没有头、没有脚、没有口器的蛹。蛹粘在树枝上，约两周一动不动；等时间一到，虫蛹的皮就会裂开，从里面飞出蝴蝶，真是令人惊叹。

比较容易饲养的蝶类有菜粉蝶、蓝凤蝶和柑橘凤蝶等。

现在，住宅附近几乎找不到卷心菜地和萝卜地，菜粉蝶的卵和幼虫也很难找到了。

如果用超市买来的卷心菜叶喂食蝴蝶幼虫，多数情况下幼虫会因为吃了菜叶上残留的农药而死亡，所以要记得把卷心菜清洗干净后再喂食。当然最好的方法是在自家的阳台上种些卷心菜或萝卜。

金凤蝶可以用萝卜叶来喂养。花椒或橘子的盆栽会吸引金凤蝶和蓝凤蝶前来，它们会在不知不觉中将卵产在盆栽上。

配合羽化的时间，在下一年夏天来临之前做好准备，就有机会观察到蝴蝶。做任何事情之前，准备工作都很重要。

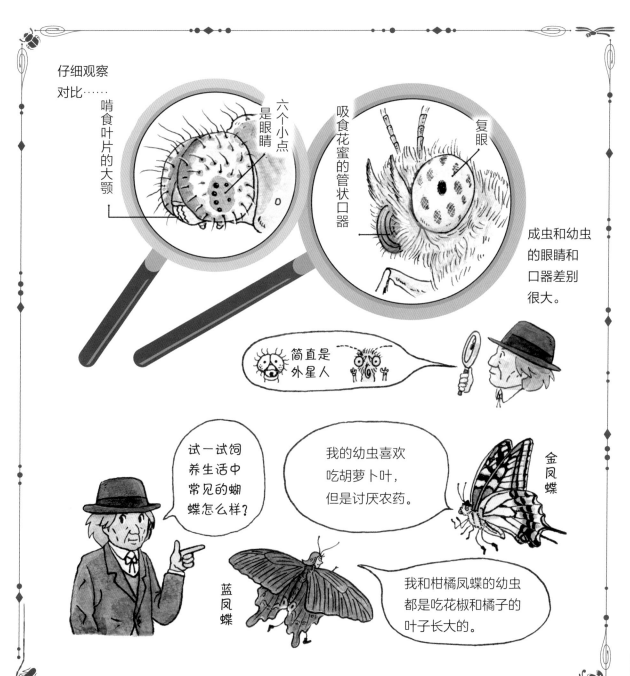

仔细观察
对比……

啃食叶片的大颚

六个小点
是眼睛

吸食花蜜的管状口器

复眼

成虫和幼虫
的眼睛和
口器差别
很大。

简直是
外星人

试一试饲
养生活中
常见的蝴
蝶怎么样?

我的幼虫喜欢
吃胡萝卜叶,
但是讨厌农药。

金凤蝶

蓝凤蝶

我和柑橘凤蝶的幼虫
都是吃花椒和橘子的
叶子长大的。

菜粉蝶

菜粉蝶⑤ 蝴蝶的飞行方式

大家用捕虫网追赶过蝴蝶吗？和蜻蜓不同，蝴蝶不能沿着一条直线飞行。

菜粉蝶飞起来像风中舞动的纸片，晃晃悠悠，忽上忽下，毫无规则可言。

凤蝶经常会以较快的速度飞往高处，但还是忽上忽下，像是起伏的波浪。

蝴蝶的体型很小，但翅膀的面积较大，所以受到的空气阻力会大一些，因此舞姿忽上忽下。

你可以在自己手臂上装一对大大的翅膀，上下拍打，试着飞向天空，尝试过就知道这并不是一件容易的事。大家可以用硬纸板做一对翅膀来做这个实验。

我们知道，单凭人类手臂的力量是怎么也飞不起来的。

曾经有人装上这样的翅膀，从悬崖上往下飞，当然他们受了很重的伤，大家切不可随意模仿。

大家可以用数码相机拍下蝴蝶飞舞的全过程。现在的照相机可以在一秒钟内连续拍摄多张照片，只要拍摄得当，就能记录蝴蝶扇动翅膀的全过程。

蝴蝶翅膀向下扇动时，细长的腹部会有什么变化呢？

它的腹部会往上翘，巧妙地保持了力量的平衡。

翅膀弯曲的程度如何呢？

前翅的前端鼓起，像是抓住了空气一般，还把空气往后方送。

那么，后翅又是什么情况呢？

从拍到的照片来看，后翅不是像前翅那样大幅度地拍打，而是舒展开来，呈滑翔的姿态。

如果拿飞机来打比方，蝴蝶的前翅就是螺旋桨，后翅就是机翼，各自发挥着不同的作用。

不过正如前面提到的，蝴蝶的翅膀展开很大，而身体很小，所以它拍打翅膀飞行时忽上忽下，飞行轨迹是曲线。

如果你能拍到蝴蝶飞行时的照片，并把这些照片做成翻翻书来看，一定乐趣无穷。

菜粉蝶⑥ 天敌寄生蜂

在这个世界上，究竟是大型生物厉害还是小型生物厉害呢？

远古时代的人类，曾与猛犸象、洞熊和剑齿虎有过长期的争斗。最后，这些生物走上了灭绝的道路。

人类接下来面临的敌人，是肉眼看不到的细菌和病毒。历史上曾暴发霍乱、鼠疫、天花、西班牙流感等传染病，死亡的人不计其数，不过人类最终还是将它们一一制服，这都得益于医学的进步。

至于昆虫，除了以它们为食的小鸟、小动物，小型寄生蜂和病毒也是它们的天敌。

在发育成熟、即将结茧的菜粉蝶幼虫身上，有时可以看到一些撕破菜粉蝶幼虫表皮、钻到外面来的蜂类幼虫。这种蜂是一种寄生蜂，名字叫"粉蝶盘绒茧蜂"。它们在"破皮"而出后，会马上结茧。

粉蝶盘绒茧蜂的雌蜂会在卷心菜周围飞来飞去，一旦发现菜粉蝶幼虫的踪影，就把产卵管刺入它的体内产卵。寄生蜂的幼虫就在菜粉蝶的幼虫体内，靠吸食菜粉蝶幼虫的体液长大。

如果菜粉蝶幼虫的重要脏器遭到啃咬，它会立刻死亡。不过，寄生蜂的幼虫不会允许这样的失误出现。寄生蜂幼虫不会让菜粉蝶幼虫死亡，而是饱食它的体液，待发育成熟后"破体"而出，再在宿主体外结茧。之后，菜粉蝶幼虫的状态越来越差，最终死亡。

成蜂从未教过幼虫蚕食宿主的方法，但寄生蜂的幼虫却一清二楚，这应该是一种本能吧。

这些寄生在蝴蝶幼虫身上的小虫茧，约10天后会长成小寄生蜂，破茧而出，四处飞散。

在某些时节，大部分的菜粉蝶幼虫都会遭到寄生蜂幼虫的残害。所以对于蝶类而言，这种小型的寄生蜂比鸟类更可怕。

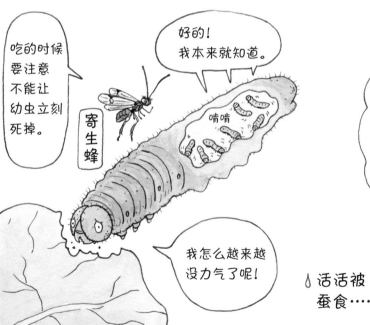

菜粉蝶

春天刚刚落下帷幕，萤火虫就闪亮登场了。日本常见的源氏萤、平家萤的幼虫都是在水中生活的。萤火虫幼虫的脚很多，外表和成虫完全不同。

不仅萤火虫的成虫会发光，它的卵、幼虫、蛹也都会发光。

古时候的人们认为，岸边的水草腐烂后会化身为萤火虫。萤火虫的确是在水边的草丛间产卵的，这些地方常有它们的身影。而且萤火虫的蛹就藏在河边的泥土中，所以一旦河岸被浇筑了混凝土，萤火虫就无法在那里生活了。

大家或许认为，萤火虫会发出这么可爱的光，一定是草食性昆虫。其实不然，萤火虫是肉食性昆虫，它的幼虫吃河里的淡水螺长大。

萤火虫的幼虫会紧紧咬住贝类柔软的身体，从口中分泌出消化液，将贝肉溶解后吸食。幼虫还会直接潜入贝壳中大肆吸食，贪吃的模样十分惊人。

萤火虫的英语是"firefly"，其中的"fire"是"火"的意思，"fly"是飞虫的意思。苍蝇是"fly"，蝴蝶是"butterfly"，而萤火虫就是"会发光的飞虫"。

不过，萤火虫还有另外一个英文名字，叫作"glowworm"。

奇怪，"worm"不是像蚯蚓那样在地面爬行的虫子吗？为什么会用在萤火虫身上？大家不觉得奇怪吗？

因为一些种类的萤火虫雌虫，一辈子都保持着幼虫的外形，不会改变。虽然外形是幼虫，但它们仍会发光，只是在地面上发光而已。

而且世界上还有很多陆生的萤火虫，它们一辈子也不会进入水中。

幼虫生活在水里的萤火虫，从世界范围来看，都甚为稀少。

小心夜路！

源氏萤

日本最具代表性的萤火虫，生活在干净的河边。幼虫生活在水中，食用放逸短沟蜷。

我们把螺肉溶解后享用。

扭来

扭去

住手！

又来了，我也要吃！

世界上的萤火虫真是各种各样啊。

因为我会飞，所以叫"firefly"。
fire fly
（火）（飞虫）

因为我生活在地上，所以叫"glowworm"。
glow worm
（发光）（地上的虫子）

萤火虫② **发光之谜**

1823年，我出生于法国。当时日本正处于江户时代末期，那一年恰逢德国的博物学家西博尔德*访问日本。

回想当年，我印象最深的就是一到晚上，四周就会一片漆黑，伸手不见五指。

当时，家中用泡过油脂的松木根来照明，因为蜡烛实在太贵。

不过在有月亮的夜晚，天空就会明亮起来。你们知道天上的月亮有多亮，天上的星星有多少吗？

在漆黑的夏夜，草丛间飞舞的一闪一闪的萤火虫，实在令人不可思议。

基督徒相信萤火虫是未接受洗礼就夭折的孩童的灵魂。这种昆虫总给人一种虚幻缥缈的感觉。

在日语中，萤火虫除了写作"萤"之外，还可以写成"火垂"。

过去，河水干净澄澈，萤火虫也很多。它们成群结队，穿梭于河边的柳树间，宛若一团燃烧的黄绿色火焰。一只只萤火虫飞舞时，有如火焰堆中零星飞落的火星，所以日本人给它们起了"星火垂落"的名字。

至于萤火虫是如何发光的，自古以来就有过很多研究。虽然人们已经弄清楚萤火虫发光是荧光素、荧光素酶两种物质作用的结果，但仍有很多未解之谜有待探索。

萤火虫的光，主要是雌虫和雄虫间传递的一种信号，以创造彼此邂逅的机会，类似于人类的语言交流。但萤火虫中也不乏不良之徒，它们用光来欺骗和自己不同种类的萤火虫，趁机抓住并吃掉被萤火吸引过来的糊涂蛋。

另外，即使是同一种萤火虫，发光的频率也会因栖息地不同而产生差异。萤火虫的"语言"也存在"方言"一说哦。

---

* 菲利普·弗朗兹·冯·西博尔德
（Philipp Franz von Siebold, 1796—1866），德国内科医生、博物学家。曾在日本长崎生活6年，著有《日本》《日本植物志》《日本动物志》等，被认为是19世纪日本学的代表人物。

萤火虫发出的光真是不可思议，如梦似幻。

我们是怎么发光的呢？

好像是因为荧光素和荧光素酶！

日本关东萤火虫每4秒发光一次

日本关西萤火虫每2秒发光一次

不同栖息地的萤火虫发光频率也不同，这就跟人类的方言差不多。

萤火虫③ 借着萤光读书

"萤"的繁体汉字写作"螢"，上面有两个"火"字。对于古时候的中国人来说，萤火虫是一种既华丽又夺目的昆虫。

有一个成语叫"囊萤映雪"，讲了下面的故事。

在晋朝时期，有个叫车胤的青年，他因为家里穷，买不起灯油，就抓了很多只萤火虫，把它们装在袋子里，借着透出的萤光来读书。

还有一个叫孙康的学生，也是因为家境贫寒，就借着窗外白雪映射进来的光亮读书。后来，人们就用"囊萤映雪"来形容刻苦攻读。

不过，大家可能会有这样的疑问：借着萤火虫的微弱萤光，真能看清书上的字吗？

现在，萤火虫的数量很少，要想收集满满一袋子可不容易。如果光顾着抓萤火虫，那就没有时间学习了。

但过去萤火虫的数量很多，所以想收集满满一袋子并不困难。在古代日本，就有商贩把几十万只、几百万只的源氏萤火虫卖给高级酒店。店家会把这些买来的萤火虫放在酒店的院子里，供客人欣赏。

在中国南部，还有一种名叫"金边窗萤"的萤火虫。这种萤火虫能发出很强的光，就算数量不多，也能达到照明的效果。

另外古时候的书，字比较大，即使灯光昏暗也能看得清楚。现在的书和报纸，字都很小，要借萤光阅读恐怕很困难。

南美洲有一种名叫"发光叩甲"的大型发光甲虫，虽然它们只有三四厘米长，但只要在报纸上放上一只，就足以看清楚上面的文字。据说，南美洲人还在凉鞋里装入这种甲虫，在走夜路时用来照明。

手电筒需要用手拿，而把会发光的昆虫装在凉鞋的足尖部位，就可以边走边照路了。想想如果在鞋子上装个LED灯，其实很方便呢。

世界上有各种各样的萤火虫。

我发出的光最亮!

闪闪发光

看我的!

金边窗萤 〈中国南部〉

怎么样!

闪闪

我发出的光更亮哦!

发光

发光叩甲 〈南美洲〉

这样走夜路可方便了!

掳走蚁蛹的蚂蚁

我的实验室位于法国南部普罗旺斯地区，在一个特别宽敞的院子里。这是我经过多年辛苦工作，好不容易才买下的。

第一次来到这里时，满眼都是茂密丛生的蓟草和矢车菊。我给它取了个名字叫"荒石园（Harmas）"。在普罗旺斯的方言里，"Harmas"是"荒地"的意思。

当然，既然是"荒地"，就不可能变成肥沃葡萄园。但对我来说，这院子却是个不得了的地方。

的确，这块地并不适合栽种农作物，但却有很多蜂类、蝶类和花金龟等昆虫在花间流连。对虫子而言，这是个天堂。所以对我而言，这里也是个天堂。

院子里数量最多的虫子就是蚂蚁了。每到六七月间炎热的午后，我经常看到大群的红褐林蚁排着队行进的场面。

红褐林蚁的队伍宽20～30厘米，长达5～6米。算起来数量相当可观呢。

蚂蚁大军穿过小径，越过草地，这一秒刚刚钻进了枯草堆，下一秒又在另一头突然现身。它们在雄赳赳、气昂昂地前进。

它们的目的地是另一种名叫黑褐蚁的蚂蚁的巢穴。

红褐林蚁一旦找到黑褐蚁的巢穴，就会蜂拥而入，直捣黑褐蚁的地下大本营，在其中制造一场骚乱。

黑褐蚁当然会殊死抵抗，但终究不是对手。

但红褐林蚁不会痛下杀手，它们最多只是用大颚把黑褐蚁夹起来扔向洞外，然后衔着对方巢穴中的白色蚁蛹，循着原路返回。

红褐林蚁把这些蚁蛹搬回了自己的巢穴保存起来。接下来会发生什么事情呢？

这里是荒石园。既是昆虫的天堂，也是我的天堂。

话说回来，蚂蚁们这是去哪儿啊？

开工了！

荒石园

呵呵呵

红褐林蚁

分布在欧洲的大型蚂蚁。日本也有它的同类"武士悍蚁"。

……

住手！

给我！

嘿嘿，拿走喽！

可恶

还给我！

又得手了！

滚蛋！

抱走

红褐林蚁并不会对黑褐蚁痛下杀手，只是夺走它们的蚁蛹。

蚂蚁② 被掳走的蚁蛹的命运

不久，被带回红褐林蚁巢穴的黑褐蚁蚁蛹开始羽化。当然，羽化后的成虫还是黑褐蚁。

"不得了，这可是敌人的老巢啊！快跑！"破蛹而出的黑褐蚁会这样慌慌张张地往洞外跑吗？

你们可想错了。破蛹而出的黑褐蚁丝毫不会怀疑自己的身份，它们认定自己就是红褐林蚁的孩子。

然后它们开始在敌营中勤勤恳恳地劳作，不仅会照顾红褐林蚁的幼虫，还会帮忙收集食物，把巢穴打扫得一尘不染。

黑褐蚁的工作远不止这些，它们甚至会把食物送到红褐林蚁的嘴边，喂它们吃下去："来，张开嘴吃吧。"

红褐林蚁竟然不会自己吃东西，真是让人吃惊。如果没有"奴隶"给它们喂食，就算食物摆在面前，红褐林蚁也会饿死。

红褐林蚁攻入黑褐蚁的巢穴时，并不会杀死成虫，只是将它们扔出蚁穴。因为如果把黑褐蚁一并全歼，以后就找不到"奴隶"为自己服务了。所以它们只带走蚁蛹，等到下一批黑褐蚁宝宝出生后再回来。

不过，红褐林蚁还有一项更厉害的本领，大家知道是什么吗？

它们可以从离家很远的黑褐蚁巢穴回到自己的家，不会迷路。

对于体型很小的蚂蚁来说，哪怕 100 米也是很远的距离。一块小小的草地对于蚂蚁而言就是一片丛林。

对于体长 1 厘米的蚂蚁，100 米宽的草地就是它们身长的 10,000 倍；对于身高 150 厘米的人类而言，相当于 15 千米的丛林。

红褐林蚁能从这么远的地方，抱着个头不小的黑褐蚁蚁蛹准确无误地回到自己的巢穴。它们到底是怎么做到的呢？

蚂蚁

红褐林蚁究竟要走多远呢?

这是由自己的巢穴到黑褐蚁巢穴的距离决定的。有时它们只要走上 10~20 米就好,但有时也会超过 100 米。

就算在行军途中遇到了障碍,红褐林蚁也绝不躲避,而是勇往直前。

而且,它们回来时一定会沿着原路返回。如果去时的道路蜿蜒曲折,那么回来的道路也是一样。去的时候要跨越障碍物,那回来的时候也是如此。

即使是翻越一片枯叶,对于红褐林蚁也是相当费力的。

蚂蚁相对于约为自己体长 10 倍的枯叶,就好比是人遇上了一张面积有两个教室大小、锯齿状的、凹凸不平的白铁皮。明明不用特意翻越,绕道走就行,可蚂蚁却老实得可怕,一只跟着一只翻上爬下。

还有比这更蠢的时候呢。

在金鱼池边,我曾经见过红褐林蚁列队行进的场景。

那天正呼呼地刮着北风。一阵风吹来,蚂蚁们立刻人仰马翻,纷纷落水。成群的金鱼马上聚拢过来,津津有味地享用这天上掉下来的美食。

让我们站在蚂蚁的角度思考一下:断崖绝壁下是一片大海,一条条巨鲸般的金鱼正张着血盆大口,翘首期盼岸上的人失足落水。这场景该有多恐怖!两条腿都发软了吧。

尽管如此,红褐林蚁大军还是衔着大个的蚁蛹,英勇无畏地沿着池边大步前进。这下,金鱼们真是赚翻了,轻轻松松吃到好多红褐林蚁和黑褐蚁的蚁蛹。

总之,红褐林蚁去时走这条路,回来时一定不会改变,这似乎成了定式。

去程

就算在行军途中遇到了障碍，红褐林蚁也绝不会躲避，而是勇往直前。

返程

无论有多大的困难，一定要沿原路返回。

蚂蚁

蚂蚁的行进路线

虽然我想一直观察红褐林蚁的行进队伍，可没有那么多时间，毕竟还有其他昆虫需要观察。

所以我把盯梢的任务交给了六岁的孙女露西，这孩子既可爱又聪明，是我工作上的小帮手。

她一听我说起蚂蚁，两只眼睛就闪烁起光芒。她可喜欢昆虫了。

"你帮我盯着这些红蚂蚁，看它们是走哪条路去黑蚂蚁家的，然后告诉我，好吗？"

"嗯，好！"

过了几天，我正在写《昆虫记》，实验室门口响起了"咚咚咚"的敲门声。

"爷爷，快来快来！红蚂蚁跑到黑蚂蚁的家里去了！"

"是吗？谢谢你了。那你知道它们走的是哪条路吗？"

"知道知道。我在路上做了标记。"

"哦？你是怎么做标记的呢？"

"就像《小拇指》故事里那样啊。我在蚂蚁走过的路上，放了白色的石子。"

"哦，这样啊。真了不起！"

《小拇指》的故事出自法国作家夏尔·佩罗的童话。话说很久以前，法国有一对贫穷的夫妻，他们靠砍柴为生。有一年大旱，庄稼颗粒无收，生活十分艰难。于是这对夫妇商量，与其全家人一起饿死，不如把孩子们带进森林。

年龄最小的男孩"小拇指"偷听到父母的谈话，他捡了很多白色的小石子放在口袋里，在被带去森林的时候，沿路丢了很多石子。最后，他就循着这些小石子安全回到了家。

露西记得这个故事，事先准备了很多白色的小石子。她跟在蚂蚁的行进队伍后面，沿途摆下石子，记录下红褐林蚁经过的路线。

接下来要做什么实验呢？其实我已经有了好几个点子，我的脑袋中也装满了白色的小石子呢。

蚂蚁⑤ 切断蚂蚁回家路线的实验

我首先想到，蚂蚁会不会是沿途释放出具某种气味的物质，然后循着气味列队前进。

于是我在蚂蚁走过的道路上，用扫帚扫走了一段路面的土壤，约一米宽。然后，用铁锹从别处铲来泥土铺在上面。

如果红褐林蚁走过的道路的土壤里留有气味，那现在已经被我去除了，它们应该会迷路。于是，我每隔几步设置一处这样的路障，一共设了 4 处，用这种方式切断了红褐林蚁先前走过的道路。

快来看看，结果怎么样？红褐林蚁的行进队伍会因为归路被切断，回不了自己的巢穴吗？

首先，它们来到了第一处被切断的关口。蚂蚁队伍仿佛陷入了困境。它们在原地来来回回，有的跑去队伍前面勘探，有的跑去末尾调查，各自采取行动。

正常列队行进时只有 20～30 厘米宽的队伍，这会儿已经有 3～4 米宽了。

后面源源不断跟上来的蚂蚁，全都挤在第一处关口蔓延开来，黑压压的满满一地。

没过多久，便有几只蚂蚁走到我铺了新土的路面上。

这时，也有一些蚂蚁绕了好大一圈，终于越过路障，找到了来时的道路。"成功了！"大家紧随其后，这样回家的道路又连通了。

到了第二个关口时，蚂蚁们也用同样的方法，找到了回家的路。最终，它们都平安无事地回到了自己的巢穴。

从实验结果来看，蚂蚁果然是在气味的引导下认路回家的，我的推测应该是正确的。

蚂蚁来到路线被切断的地方时，曾一度迷失了方向，但最终准确无误地找到了归路。这可能是因为被扫帚扫过的地面，还残留着一点儿沾有蚂蚁气味的泥土吧。

蚂蚁⑥ 用水冲洗蚂蚁回家路线的实验

我用扫帚清扫了红褐林蚁经过的道路，虽然暂时使蚂蚁们迷了路，但最终它们还是回到了原先的道路上。我想这可能是因为路面上还残留着一丁点儿沾有蚂蚁气味的土壤。

"好吧，既然这样，这次我就用清水冲洗试试吧！"

我拿来院子里浇水的水管，仔细用水冲洗了蚂蚁走过的道路，冲洗的范围约有1米宽。

我足足冲洗了15分钟。经过这样彻底的冲洗，我放慢了水速，水流宽幅也慢慢变窄。蚂蚁会渡过这样的"小河"吗？

抱着黑褐蚁蛹回到这里的红褐林蚁们，面对眼前的"小河"有些不知所措。

后面的蚂蚁源源不断地追赶上来，队伍变得越来越拥挤。

不久，蚂蚁们就把露出水面的小石子当作脚踏石，开始横渡小河了。

无论遇到什么困难，蚂蚁们都能回到原来的道路上。真是够执着的；还是说它们什么都不会去想呢？

在没有踏脚石的地方，蚂蚁们也会勇敢地跳入水中。

"啊呀，要被水冲走了！"

即便如此，红褐林蚁也一直背着或衔着黑褐蚁的蚁蛹绝不放开，它们在水中时沉时浮，最后爬回了路面。

这条"小河"里还漂浮着小段的稻草和橄榄叶，蚂蚁们利用这些东西，安全地渡过了"河"。我看着这情景，从心里感到佩服。

只要渡过了"河"，后面的道路就恢复如常了。蚂蚁们又开始列队前进，好像什么事也没有发生。

我用水冲洗了那么久，应该不会留下什么气味了……不对，等一下，莫不是蚂蚁散发出来的气味，要比我想象的强烈得多？

我还是不能确认蚂蚁依靠气味寻路的可能性。

蚂蚁⑦ 关于蚂蚁认路的各种实验

就算用水管放水冲洗路面，蚂蚁也能找到原来的道路。也许是蚂蚁释放出来的气味特别强烈，用水冲洗也无法去除。

或许是蚂蚁从尾部释放出的"蚁酸"这种气味刺鼻的毒液，也可能是另外一种人类察觉不到、只有蚂蚁可以嗅出来的特殊气味。

"好吧，那我就用更强的气味来掩盖蚂蚁释放的气味吧。"

荒石园里有什么能散发强烈气味呢？想来想去，我决定用薄荷。我摘了一些香味浓郁的薄荷叶，在蚂蚁经过的道路上搓揉，还在路上放了几片完整的薄荷叶。

当蚂蚁来到搓过薄荷叶的地方，没有表现出丝毫的犹豫，依旧急匆匆走过去了。难道不是气味的关系？

于是，这次我决定改换道路景观。

我在蚂蚁的行进道路上铺了一张报纸，用小石子压住四个角，以防止报纸被风吹跑。不知在蚂蚁的眼中，这会是怎样一番景象。对于它们来说，铺在地面上的报纸就像体育馆的屋顶那么大，遮住了整条路的一大截。

蚂蚁们看得一头雾水。它们有的在报纸两侧徘徊，有的前后来回走动，最后终于从报纸上横穿而过。

接着，我又在蚂蚁的行进道路上撒了些黄沙。地面原本是发白的，当蚂蚁行进至被撒了黄沙的地方后，又开始不知所措了。不过，最后它们还是越过去了。

就这样，我做了各种各样的实验，发现每当道路的外观发生改变，都会引起蚂蚁迷路。因此我推测，相较于气味，蚂蚁更侧重于用眼睛观察沿路景色来认路。它们记得曾经走过的地方，所以才会在铺上报纸、撒下黄沙的地方如此困惑不安。是这样吗？

还有比"蚁酸"更强烈的气味吗？

那是什么？

所谓蚁酸，是指蚂蚁在遇到紧急情况时，从尾部喷出的一种毒液。

扑哧

薄荷叶实验

是薄荷叶……

嘿咻嘿咻

即便有强烈气味的干扰，蚂蚁们也没有丝毫犹豫，直接通过。

在路上铺设报纸的实验

大家往这里走！

铺了报纸的道路，让我们摸不着头脑！

徘徊

迷路了好一阵子，又成功跨越了。

黄沙实验

东张西望

？

直接跨过去就是了！

虽然有些迷惑，但还是顺利通过。

难道蚂蚁认得沿路的景色，而不是靠气味来认路？

蚂蚁

蚂蚁⑧ 路标信息素

蚂蚁到底是靠什么才从这么远的地方回到自己的蚁巢的呢？

我曾推测，蚂蚁认路回家凭借的是视觉，而不是气味，但不能得出十分肯定的结论。

不过根据多项研究结果，人们又发现了一些关于蚂蚁的事实。

首先，蚂蚁是利用"信息素"来交流的。

蚂蚁走路时，会用身体的尾端轻轻触碰地面，释放出一种记忆性物质，在路上留下标记，这就是"路标信息素"。

只需一点点路标信息素，就能发挥巨大的作用。

举个例子来说，仅仅0.33毫克的信息素，就能引领切叶蚁绕行地球一周。

1毫克等于千分之一克，所以0.33毫克就是0.00033克。

区区0.00033克信息素就能在环绕地球一周、约40,000千米的路程上留下标记，蚂蚁竟然还能嗅到，这实在太惊人了！所以不管用

扫帚扫还是用水冲，蚂蚁都能凭借仅存的一丁点儿信息素找到回家的路。

然而这些路标信息素会在蚂蚁回到蚁巢之后慢慢挥发消失。如果信息素一直残存，路上就到处是路标了，蚂蚁自己也会晕头转向的。时间一到，信息素就会消失，这真是奇妙。

另外，有些蚂蚁会记得见过的景色，这类蚂蚁通常都有一双大大的眼睛。红褐林蚁的眼睛就很大，所以当它们走到铺了报纸和撒上黄沙的地方，就会困惑无比。

科学日新月异，越来越多的生物现象都找到了答案。我相信，你们年轻一代会进一步推动科学的进步。

法布尔老师的
相册③
荒石园的院子等

法布尔出生于法国南部，他在童年时期曾经多次搬家。到了 55 岁那年，他终于在塞里尼昂村买下了一块心仪的土地，当作住宅和实验室。他将这里命名为"荒石园"，并在这里专心观察昆虫，执笔撰写《昆虫记》。

实验室所在的建筑物（实验室位于该建筑的二楼）

荒石园里的池水

荒石园的庭院小道

荒石园的中庭

荒石园的大门

实验室近旁的温室

荒石园里的植物

养蜂处

村中的洗衣池

卷象① 昆虫做的"卷心菜卷"

夏天走在山路上，总能听到各种各样的鸟叫声。

其中大杜鹃的叫声最容易分辨，它们会发出"布谷布谷"的叫声，因此被人们称为"布谷鸟"。

那么，你知道"布谷鸟的匿名信"吗?

就是初夏时节掉在山道上、像卷心菜卷似的小东西。

所谓"匿名信"，是指没有署名、故意掉落在路上的书信。过去的人们看到这种类似卷心菜卷的袖珍小物件时，给它取了一个别致脱俗的名字——"布谷鸟的匿名信"。

这种"卷心菜卷"是用叶子精心包裹而成的。打开一看，精心卷折好的树叶当中，露出一枚小小的虫卵。

从这枚卵中孵化出来的幼虫，既受到了"卷心菜卷"的保护，又可以慢慢啃食叶子长大，就像住在糕点房里一样。

当然，做出这般精致作品的并不是布谷鸟，而是一种昆虫。

跟我一起去趟森林吧，记得带上雨伞哦。

我找到了一棵榛树。巧克力中经常会加入它的果实——榛子，英语写作"hazelnut"。

接下来，好好看着我的动作。

把雨伞倒过来……用拐杖敲打榛树的树枝。嘿! 瞧! 小虫子都掉下来了吧。

这种"雨伞采集法"可以把贴在树叶背面和枝头的小虫子打落下来，很好玩哦。

快看，这种如血滴一般腥红的昆虫，正是我要找的卷象。它体型娇小，却不失为一种漂亮的虫子，就是它做出了精美的"卷心菜卷"。接下来，让我们观察一下它是怎么制作的吧。

啾啾 啾

布谷 布谷

夏天走在山路上，经常能听到各种鸟鸣声。

古时候的人们给它取了很好听的名字。

"布谷鸟的匿名信"掉下来了。

雨伞是超实用的捕虫工具。

哗啦 哗啦

啪 啪

读到了苦涩的一句……

卷象

头部是黑色的，身体呈鲜艳的红色，会在榛树或赤杨的树叶上产卵，然后将其卷成菜卷的样子。

卷象

卷象② "卷心菜卷" 的制作方法

卷象是怎么制作出"卷心菜卷"的呢？我决定在林中好好观察一下。

榛树的叶子要比卷象的身体大很多。

这就好似把铺在客厅里的地毯从空中挂了下来。

卷象停在叶片上时，就像我们人类在摩天大楼上进行高空作业。

如果脚一滑摔下来，后果将不堪设想。但卷象却完全不用担心。它的脚前端长有钩爪，钩爪的根部还有长毛，能紧紧挂住树叶。

即使万一卷象不小心从树上掉了下来，因为它的身体又小又轻，在空气阻力的作用下，落地时也并不会受到多大的冲击力。所以对于小小的卷象而言，从10厘米的高度落下和从10米的高处落下，几乎没什么分别。

卷象是怎么把厚厚的、茎梗纵横的硬叶子卷起来的呢？这可是有门道的。

据我观察，卷象会从一侧开始，在靠近叶片基部的位置"咔嚓咔嚓"地把叶片剪开。

仔细观察就会发现，它的口器前端很尖，像剪刀一样。原来是这样啊，真够实用的。

这样一剪，叶片马上就变得萎蔫疲软，因为叶脉一旦被切断，就接收不到树枝输送的水分了，加工叶片也就容易了。

被剪的叶片很自然地耷拉下来，卷象会将下垂的叶片对折，这样原先的叶子内面便被折在里面了。然后它开始从叶尖"骨碌碌"地往上卷，直到卷成"菜卷"为止。这个时候的树叶已经完全变软，折起来不费吹灰之力。

"菜卷"上方的开口是用叶片残留的部分盖上的，下方的开口则是用叶片的边缘盖好。

可爱的"小菜卷"挂在枝头，随风摇摆。这个"小菜卷"就是一个用树叶做成的摇篮，卷象会把卵产在里面。

卷象的卷叶"摇篮"的做法

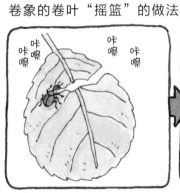

① 从接近叶片基部的部位横向剪开。

② 将叶片向内侧对折。

③ 从叶子尖部开始卷起（卷之前先在上面产卵）。

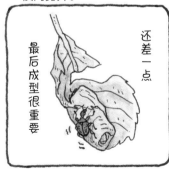

④ 把"菜卷"的上下口子封好。

⑤ "卷心菜卷"完工！

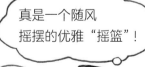

卷象

幼虫的餐食

卷象的摇篮，常常挂在榛树枝头随风飘荡。有些卷象父母会亲手割断摇篮，那些掉落在山道上的摇篮就属于这种情况。

打开一看，哎哟，摇篮里的树叶已经千疮百孔，而且有些腐烂——是被卵中孵化出来的幼虫吃掉的。

我又找来很多刚做好没多久的摇篮，把它们暂时存放一段日子。

不久，从千疮百孔的摇篮里爬出来一只只穿着大红色外衣的成虫。

变为成虫的速度也太快了吧，它们以后怎么生活呢？

接下来的天气越来越冷，它们有的会躲在树皮下过冬。有时在冬天剥开古树的树皮，会在下面发现这种虫子的身影。

卷象的种类很多。举个例子来说，法国的长足切叶象就喜欢用刺叶桂樱这种坚硬乔木的小叶子制作摇篮。

我所居住的法国南部，夏天非常干燥，所以掉落在山道上的长足切叶象的摇篮又干又脆，手指稍微用点力就能捏碎。

打开摇篮来看看，里面有一只幼虫，小得惊人。

幼虫一开始会直接啃食崭新的摇篮长大，那时的叶子还非常柔软。

但在那以后，摇篮会逐渐干枯变脆，以致无法食用。

所以幼虫会一直等着。等什么呢？不错，就是等着下雨。

我曾经在这硬邦邦的摇篮上浇水，使叶子湿润变软，而后幼虫又继续啃食摇篮，茁壮成长了。

食物匮乏的时候，卷象幼虫就稍作休息，安静等待。昆虫的生命力真是令人敬畏！

卷象在叶卷里变为成虫……

你们并不是在泥土中慢慢长大的呀？

是啊！

成虫躲在树皮底下过冬。

太冷了，别剥了！

剥开树皮

啪嗒

有时会找到它们。

叶子再硬也不在话下！

这才是行家所为！

长足切叶象

脚很长，红色的躯体又矮又胖，圆乎乎的。

用刺叶桂樱的硬质叶片做摇篮。

完工！

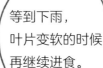

等到下雨，叶片变软的时候，再继续进食。

干燥的树叶摇篮里有一只小小的幼虫。

竟然可以暂停成长，中途休息，真够厉害的！

卷象

卷象④ **各种各样的卷象**

那么，让我们重新观察一下卷象吧。

暂时忽略它做摇篮的习性，先从身形推断一下这种昆虫的生活方式吧。

首先，卷象的脸很长，触角像棍棒一样。光看这样一张脸和一对触角，是无法推断出它的生活习性的。

它的嘴巴很尖，细而薄的东西应该都能咬断。怪不得它能够伤到叶脉，切断树枝给树叶的水分供给，让叶子萎蔫变软呢。

它的腿很长，容易弯曲，脚尖的钩爪非常有特点。它的钩爪和平坦多毛的脚掌的黏腻触感，会让人联想到这种昆虫攀爬树枝时的情景。它同样属于草食性昆虫，脚长得和天牛一模一样。

肉食性昆虫，比如日本虎甲就长着尖尖的螯（áo）牙，可以死死咬住猎物。卷象的牙像剪刀，而日本虎甲的牙比较像狼的獠牙。

了解了卷象这么多的习性，接下来就让我们来想象一下，它是如何在高高的树枝上卷树叶的。

使用蔷薇叶片做"菜卷"的红腹卷象和附在栗子树上的具斑卷象，它们的脖子并不是很长。

也有脖子特别长的卷象，比如长颈卷象和鹤颈象甲。

在非洲外海的马达加斯加岛上，生长着一种"长颈鹿卷象"，它脖子的长度足以令人惊叹。

156

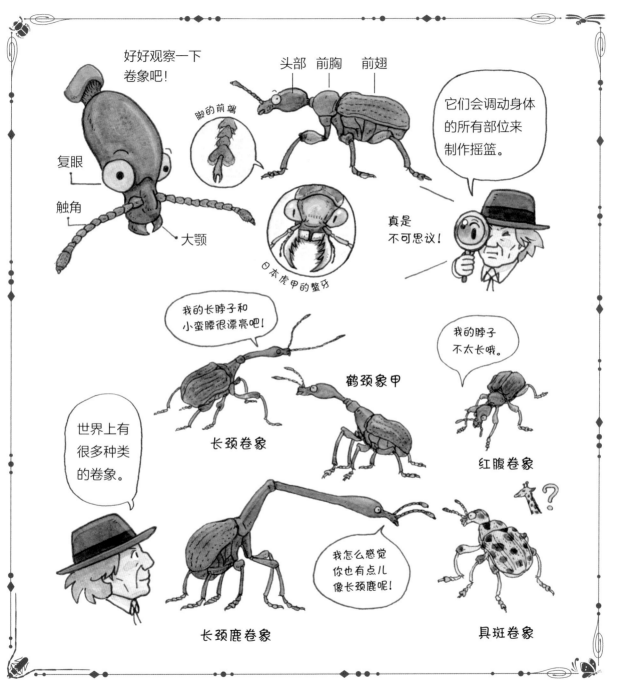

耙掌泥蜂① 猎捕螽斯的泥蜂

在蜂类家族中，有许多专门捕捉其他昆虫给后代作食物的蜂。我在前面的章节中，给大家介绍过猎捕吉丁虫的节腹泥蜂和猎捕卷象的栎棘节腹泥蜂。这次我要介绍一种名叫耙掌泥蜂*的泥蜂，它专以马鞍螽为食。

马鞍螽正如它的名字一样，翅膀很短，只有很小的一点儿。一旦它被抓，小翅膀就会相互摩擦，发出"唧唧"的声音。这种大腹便便的虫子，在法国南部很常见。对于喜食昆虫的鸟类来说，它们是很有营养价值的美食。

但是，耙掌泥蜂在本地并不常见，所以我难得有机会去观察它们。

曾经，我在这种蜂会出现的山谷里，坐在大石头上等了它们一天。

一大早，三个出门上班的女人远远瞧见我一动不动地坐在那里，当她们路过我身边时，用一种奇怪的目光打量我。傍晚时分，当她们下班回家经过我身边时，又用怪异的目光盯着我看，仿佛我是个怪人。我还听见其中一个妇女在胸前划着十字说："看他真可怜，这个人不会脑子有问题吧！"

当然，我的神志是清醒的。虽然耙掌泥蜂常在这一带捕猎，可我没法儿事先跟它约好时间，所以当天没能碰面。

有一天，我终于看到耙掌泥蜂了。它们正在崖壁上挖掘巢穴。

只见巢穴开了一个大口子，"嗖"地飞出一群耙掌泥蜂。

我追了大约 10 米后，发现它们一会儿慢行一会儿疾飞，像在搜寻什么东西。最后，它们终于找到了猎物马鞍螽。

那些猎物好像被打了麻醉药，一动不动，只有脚尖和触角微微颤动。耙掌泥蜂对猎物实施完"麻醉术"后，就飞回来打开预先挖好的巢穴洞口。

* 在《昆虫记》中文版本中，还有"朗格多克飞蝗泥蜂"的译法。

这次和大家聊聊
另一种泥蜂，
它与之前我说过
的节腹泥蜂不同。

时刻等着
抓你呢！

这家伙
瘦骨嶙
峋的。

耙掌泥蜂

生活于法国朗格多克地区
的泥蜂。猎捕短翅螽斯作
为幼虫的食物。

马鞍螽

一种大型螽斯，身体肥圆。
小翅膀会彼此摩擦，发出
"唧唧"的声音。

昆虫学者
的艰辛

昆虫学者的研究
对象是活着的生
物，在研究时
只能耐心等待
它们出现。他
们经常被人误
会是怪人。

快走
快走

好可
怜！

又被人当
成疯子了。

有一天，我
终于找到了
耙掌泥蜂。

我会好好
观察你们的！

耙掌泥蜂② 如何搬运猎物

耙掌泥蜂决定把被麻醉的猎物螽斯搬回自己的巢穴。

猎捕卷象的栎棘节腹泥蜂带回猎物后，会直接搬回巢穴。可马鞍螽实在太重了，它是一种大型螽斯，就像一大块肥肉。

同为泥蜂，耙掌泥蜂会怎么做呢？我站在一旁观察，只见它跨在螽斯的身上，咬住猎物触角的根部，脚下一发力，把螽斯拽起来拖动。有时它也会衔着猎物，扇动起翅膀。此时的猎物螽斯就像被一架飞机牵引着，一点一点往前挪动。

但是，这种搬运行为并不能坚持太久。有时在途中会遇到挡路的石头，而且马鞍螽也实在太重了。

我试着用镊子夹住螽斯尾端的产卵管。结果，耙掌泥蜂摆出一副咬住触角誓不松口的架势，它加大脚力，继续努力往前拉。我用力拉扯猎物，耙掌泥蜂也不松口，一点点向后拖。

"好吧，那我这样试试，看你有什么反应。"

我拿来剪刀，剪断了螽斯的触角。

猎物突然离口，阻力减小，耙掌泥蜂脚步不稳，打了一个趔趄（liè qie）。

即便没有了触角，耙掌泥蜂还是上前咬住螽斯头部仅存的一点点触角，继续执着地往前面拽。

于是，我干脆把螽斯的触角连根剪了个干净。

耙掌泥蜂张大嘴巴，想要咬住猎物的触角，可猎物的头部光溜溜的，根本咬不住。它一遍又一遍地重复着刚才的动作。

螽斯有六条腿，还有产卵管呢，明明咬住那些地方就可以拖动了，为什么泥蜂没注意到呢？

泥蜂一直固执地查看猎物的头部，最后终于放弃，飞走了。

耙掌泥蜂③ **盗走猎物实验**

这次让我们来看一看，耙掌泥蜂把猎物顺利拖回巢穴后是怎么储藏的。

耙掌泥蜂把猎物拖回巢穴后，就开始封闭入口。它背对着巢穴，快速用前脚将门口掺着沙子的土不断往身后扒，好像小狗刨土时的样子。沙土像是水管里的水源源不断地散落出来。

有时耙掌泥蜂会用大颚衔住沙粒，把它挖出来放在门口，做成地基。然后用额头将其压实，再用大颚敲打。通过这种方法把入口给封起来。

这时，我想到了一个"恶作剧实验"。

我先把那只拼命封闭巢穴的耙掌泥蜂移开，然后用小刀把它好不容易封好的入口重新挖开。

接着，又用镊子把里面的猎物马鞍螽夹了出来。

耙掌泥蜂已经在猎物的胸口产下了卵。等到入口封死后，从卵中孵化出来的幼虫只要食用猎物，就可以顺利长大成蜂。

我把抢来的猎物装到自己的箱子里，然后把这个洞穴还给了在一旁看着我做完这一切的耙掌泥蜂。

我想知道，亲眼看到自己的巢穴被挖开、里面的猎物被夺走，耙掌泥蜂会有什么反应。

耙掌泥蜂一看入口被打开了，就进入巢穴中，在里面待了好一会儿。

没过多久它来到外面，又开始堆土封闭入口了。

它刚才进到巢穴里看过，应该知道猎物已经不翼而飞，为什么还要封闭入口？这不是在做无用功吗？

我猜想，它可能只是暂时把洞口封上，会再去抓捕新的猎物。可一周后，当我再次挖开这个巢穴，发现里面依旧空空如也。

耙掌泥蜂到底在想什么呢？

盗走猎物的实验

耙掌泥蜂在巢里的猎物上产下卵后，开始封闭入口。

我移开耙掌泥蜂，挖开洞口，抢走猎物。

耙掌泥蜂的卵

刚才在一旁观看的耙掌泥蜂重新进到巢穴里。

你的猎物在这个盒子里哦。

我的猎物呢？

不久，耙掌泥蜂走出洞口，重新封闭完巢穴后，就飞走了。

猎物都没有了，为什么还要封住洞口呢？

到底是为什么？

耙掌泥蜂

耙掌泥蜂④ 猎物的掉包实验

我一直想亲眼看看耙掌泥蜂是怎么把针刺入猎物身体，实施"麻醉术"的，可总是苦于找不到机会。

有一年的八月初，儿子埃米尔突然跑到实验室来找我。

"爸爸，不得了了。有一只蜂正在法国梧桐树下搬运猎物呢。你快来看呀，快点快点！"

当我赶到的时候，正好看见一只蜂咬住一只肥头大耳的马鞍螽的触角，在地面上拖着前行呢。

我随口说道："如果用一只正常能动的螽斯换掉它，我就能做实验了。可就算我现在去找，也找不到呀。"

没想到，埃米尔对我说："爸爸，如果你想要马鞍螽，我在养哦！"

我高兴得差点跳起来。

"那你拿给我吧！"

接着，我夺走了这只蜂的猎物，换上了一只正常能动的螽斯。

看到本应该已被麻醉的猎物突然活蹦乱跳地出现在自己面前，耙掌泥蜂一个箭步扑上去。它张开大颚，咬住螽斯的背脊，然后转到侧面，弯起尾部，将尾端的毒针朝着猎物的胸口，"噗嗤"一下直刺了下去。

刺完胸口之后，耙掌泥蜂继续按住螽斯，撑开它的脖子下方，又刺了一下。

胸口和脖子下方被刺后，马鞍螽就变得瘫软无力，像提线木偶一样软塌塌地躺在地上。只有它的触角还在抖动，证明它并没有死。

耙掌泥蜂是怎么知道，只要在马鞍螽的胸口和脖子下方刺入毒针，就会让猎物力气全无呢？是它的父母传授的？可耙掌泥蜂在变为成蜂之前，它的父母早就不在人世了呀。它根本不可能见到自己的父母。

我一直都无缘得见
耙掌泥蜂捕猎的瞬间。
有一天……

可如果没有正常
能动的猎物，就
没法做实验。

爸爸，
快点！
有只蜂
正在搬运
猎物呢！

什么？

儿子
埃米尔

我在养哦。

快看！

这是我给
雏鸟准备
的食物。

太棒了！
我们快
动手吧！

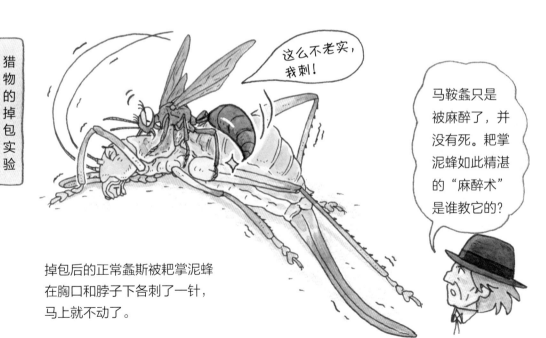

猎
物
的
掉
包
实
验

这么不老实，
我刺！

马鞍螽只是
被麻醉了，并
没有死。耙掌
泥蜂如此精湛
的"麻醉术"
是谁教它的？

掉包后的正常螽斯被耙掌泥蜂
在胸口和脖子下各刺了一针，
马上就不动了。

耙掌泥蜂⑤　被麻醉的猎物

被耙掌泥蜂用针刺过以后的蟊斯，已经没有力气用脚撑起自己的身体了，只能侧卧或者仰面朝天躺着。

不过仔细观察，你会发现它时而腹部起伏，时而嘴巴嚅动，最明显的就是触角还在动。虽然它的手脚动不了了，但终究还活着。

我试着用针刺了它一下，它一个激灵，好像很疼的样子。但昆虫毕竟没有人类那么敏感，并无什么大碍。

为了和麻醉的猎物作比较，我特意抓来了健康能动的蟊斯。我把它们放在盒子里，但不给它们食物。它们有时会躁动一阵，5天后就死了。

然而，被耙掌泥蜂麻醉的蟊斯却能在盒子里存活 2 ~ 3 周。因为它处于麻醉状态，一动不动，也不会挣扎，就不会消耗能量，肚子也不会饿，所以才能活那么久。

"好吧，那给被施了麻醉术的蟊斯喂点东西吧。糖水怎么样？"

我把蟊斯翻过来，让它仰面朝天躺好，用麦秆尖沾上糖水，滴一滴到蟊斯的嘴巴里。只见它津津有味地喝了起来。

"太好了，这种方法应该可以让被麻醉的蟊斯存活下来。"

我每天给无法动弹的蟊斯喂糖水，一天两次，像照顾重症病人一样。如此一来，被麻醉的蟊斯竟然持续存活了 40 天之久。

当然，耙掌泥蜂产在蟊斯身上的虫卵孵化后，幼虫会慢慢啃食蟊斯的身体，吸食它的体液，最终蟊斯会变成一具中空的尸体。

不过对于猎物而言，被耙掌泥蜂的针刺中并不会致命，只是被麻醉了无法动弹而已。

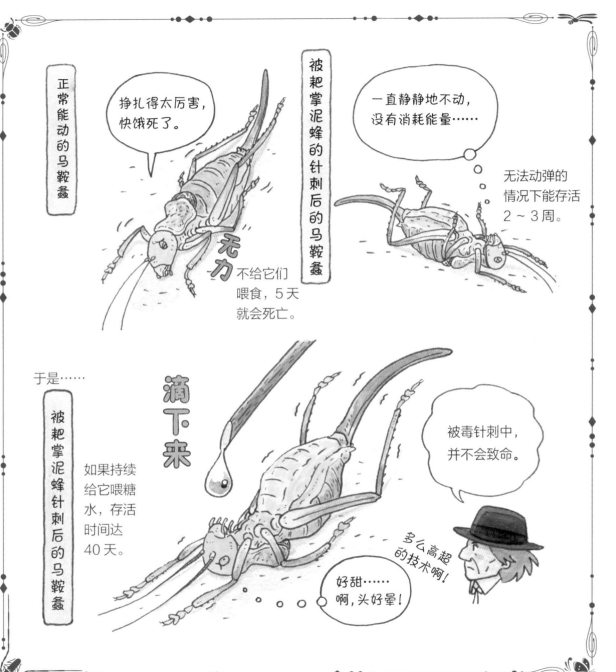

耙掌泥蜂⑥ 本能中的智慧和愚蠢之处

这次我想针对耙掌泥蜂的行为，再从头思考一遍。

耙掌泥蜂会将毒针刺入猎物身体的特定部位。毒针刺入后，猎物就无法动弹，但它还活着。接着螽斯会成为耙掌泥蜂幼虫的食物，因为它一直活着，所以不会腐烂，没有比这更新鲜的食物了吧。话说回来，这种方法到底是谁教它的呢？

也就是说，从蜂卵中孵化出来的幼虫，会啃食猎物的身体，一点一点把猎物消灭。

但它不是胡乱啃咬，而是巧妙避开会对猎物造成致命伤害的部位。因为如果幼虫啃到了猎物的心脏，猎物就会死亡，并且开始腐烂。所以幼虫会从不至于危及猎物生命的皮下脂肪等部位开始啃咬。

幼虫的这种啃咬方式到底是得到了谁的真传？莫非是它自己想出来的？

但昆虫可不会用它的小脑袋进行思考，从而做出判断。我觉得这种行为属于存在于昆虫体内的"本能"，就像电脑一样，它们体内被"编入了行动程序"。

当昆虫执行"本能"发出的命令时，是多么具有智慧啊。

不过，请大家回想一下。

当我在"恶作剧实验"中，从根部除去猎物的触角或当面将猎物拖出巢穴时，耙掌泥蜂采取了相当愚蠢的行动。每当出现有别于正常情况的情形时，昆虫的表现又是多么愚蠢啊！

也就是说，行动程序无法中途变更，齿轮一旦转动起来，就无法停止了。这就是存在于昆虫本能中的愚蠢之处。

168

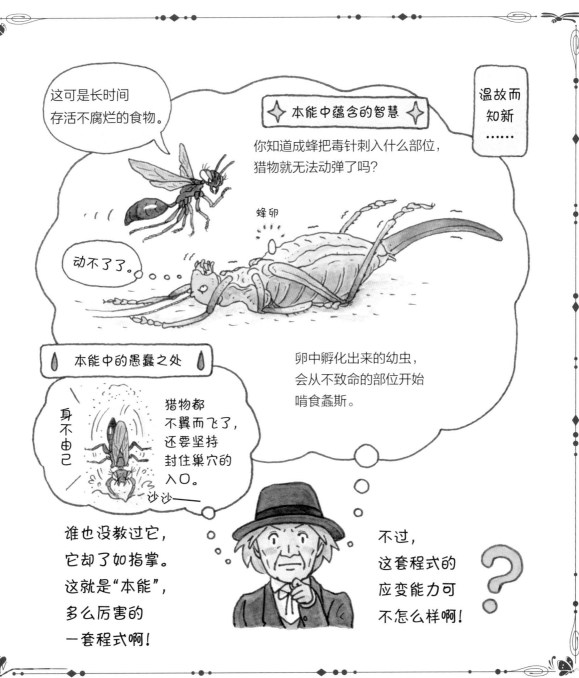

耙掌泥蜂

法国南部郊外是昆虫的世界，与当年法布尔居住的时候几乎一样。

耙掌泥蜂现身的法国南部小道

正在对东方螽斯实施麻醉术的耙掌泥蜂

挖掘巢穴的泥蜂

欧洲粉蝶

马鞍螽

欧洲深山锹

白天刚刚羽化的蝉

蟪蝉

地栖性蜘蛛

蟪蝉（学名：Lyristes plebejus）

➡ P36 蝉

蟪蝉

➡ P36 蝉

黄胫边步甲（左）/ 欧洲蝼蛄（右）

这些昆虫很容易抓到，所以法布尔常用它们来做实验。

普通蝼蝉的外壳

天牛（也称栎黑天牛）

➡ P112 大蝼步甲

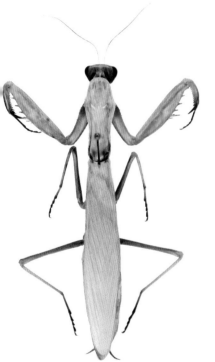

薄翅螳（雌）

➡ P66 蜘蛛

马鞍蚤

➡ P158 耙掌泥蜂的猎物

法国南部数量多。

悦目金蛛

➡ P60 蜘蛛

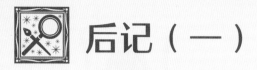

后记（一）

奥本大三郎

法国昆虫学家法布尔对活体昆虫的行为进行了细致入微的观察，向人们揭示了昆虫研究的乐趣与奥妙所在。

在他之前的学者虽然对昆虫和蜘蛛的身体结构、色泽外观等进行了详细的研究和记录，但几乎没有人对活着的昆虫进行过如此细致的观察。

当年的学者尚且如此，更别说普通人了，他们更是把虫子想象成恶魔的化身。只要翻看一下法国古代描绘虫子的画作，就会发现蝴蝶、蛾蛹不是长着一张人脸，就是像恶魔一般被加上了犄角。

研究过昆虫的生活习性后，你会发现它们与人类的行为模式完全相反。我们人类是先思考再行动，而昆虫却从不思考。不过，虽然它们不思考，但可以驾轻就熟地进行很多复杂的行为。法布尔认为，昆虫这种与生俱来的能力是一种"本能"。

在本书中，法布尔老师亲切地为大家解说了昆虫神奇的本能。敬请阅读！

本书内容原在《朝日小学生新闻》上以同名连载。特别是责任编辑水野麻子为本书的出版付出了极大的心力，对此我深表感谢！

2016 年 6 月

后记（二）

山下浩平

小时候因为父亲工作的关系，我曾经读过四所小学。其中大约有两年时间是在鹿儿岛度过的。在鹿儿岛的校园里，我见到了很多昆虫，比在之前待过的任何一所小学见到的都要多。在鹿儿岛温暖和煦的季节里，我会在员工宿舍楼边的苏铁树上捕捉锹甲，在夜晚的纱窗前捕捉花金龟；在雨水淅沥的日子里，我又会到阳台下方的沙地里挖蚁狮。如果上山，还能在洞穴里找到更多种类的昆虫。

那些昆虫拥有各种各样的形状、花纹、颜色和光泽，有的有美丽脆弱的翅膀，有的有帅气的角和长髯，种类繁多，让人心生雀跃。但说起昆虫的饲养难度，以及这些小生命的短暂无常，又时常让我忐忑不安。

本书的内容在报纸上开始连载时，已经成年的我又重新去捕捉昆虫，专门去探访它们的栖息地。这些活生生的昆虫拥有独特的魅力，深深地吸引着我。因为虫子，我结识了很多前辈，还有一些小朋友。在昆虫面前，无论是大人还是小孩，所有人一律平等，这种相处方式让人身心愉悦。

如果大家读了这本书之后，对昆虫产生了兴趣，就多去外面与虫子接触吧！它们浑身都是不可思议的地方。

在我为本书绘制插画的过程中，奥本老师总能给予宝贵的意见，我每次和他讨论都非常开心。在此，我想对奥本老师以及本书的编辑老师水野和原田表达我真挚的谢意。最后，我还想把这本书献给在今年春天去世的父亲。

2016 年 6 月

[日]奥本大三郎　文

作家、法语翻译家。NPO 日本亨利·法布尔学会理事长。1944 年惊蛰日（3 月 6 日）出生于大阪。毕业于东京大学文学部法文系。埼玉大学名誉教授。作品《昆虫宇宙志》（青土社）获读卖文学奖，《有趣的热带》（集英社）获三得利学艺奖。另有《从昆虫开始的文明论》（集英社国际）、《昆虫的所在》（新潮社）、《巴黎的骗术师》（集英社）、《奥山副教授的番茄大学太平记》（幻戏书房）等多部著作。用长达 30 年的时间翻译了法布尔的巨著《昆虫记》，全译本 20 卷于 2017 年由集英社出版。

[日]山下浩平　绘

平面设计师、绘本作家。1971 年出生，毕业于大阪艺术大学美术系。主要绘本作品有《青蛙与蝼蛄》（福音馆书店）、《香蕉老师》（童心社）和与得田之久合作的《寻找迷路的恐龙！》（偕成社）等。网页设计作品《SOS 地球环境南极企鹅救援队》荣获 NHK 日本奖，庭园玩具《KINDER ANIMAL》（FROEBEL 馆）获得儿童设计奖。mountain mountain 设计公司创始人。日本法布尔学会会员、日本平面设计协会会员。

图书在版编目（CIP）数据

法布尔老师的昆虫教室. 1, 认识昆虫的本能 / (日) 奥本大三郎文 ; (日) 山下浩平绘 ; 程俐译. -- 成都 : 四川美术出版社, 2024.6
　　ISBN 978-7-5740-1041-3

Ⅰ. ①法… Ⅱ. ①奥… ②山… ③程… Ⅲ. ①昆虫－少儿读物 Ⅳ. ①Q96-49

中国国家版本馆 CIP 数据核字 (2024) 第 085946 号

著作权合同登记号 图进字 21-2024-006
审图号: GS(2021)1532 号

法布尔老师的昆虫教室1:认识昆虫的本能
FABUER LAOSHI DE KUNCHONG JIAOSHI1:RENSHI KUNCHONG DE BENNENG

[日] 奥本大三郎 文　　[日] 山下浩平 绘
程　俐　译

选题策划	北京浪花朵朵文化传播有限公司	出版统筹	吴兴元
编辑统筹	冉华蓉	责任编辑	杨　东
特约编辑	阿敏　左宁	责任校对	陈　玲
营销推广	ONEBOOK	责任印制	黎　伟
装帧制造	墨白空间·唐志永		
出版发行	四川美术出版社		

（成都市锦江区工业园区三色路238号 邮编：610023）

开　本	889毫米×1280毫米　1/24	印　张	7⅓
字　数	140千	图　幅	100幅
印　刷	北京盛通印刷股份有限公司		
版　次	2024年6月第1版	印　次	2024年6月第1次印刷
书　号	978-7-5740-1041-3	定　价	228.00元（全3册）

读者服务: reader@hinabook.com 188-1142-1266
投稿服务: onebook@hinabook.com 133-6631-2326
直销服务: buy@hinabook.com 133-6657-3072
官方微博: @浪花朵朵童书